Schriften der Mathematisch-naturwissenschaftlichen Klasse
der Heidelberger Akademie der Wissenschaften
Nr. 6 (2000)

Springer
*Berlin
Heidelberg
New York
Barcelona
Hongkong
London
Mailand
Paris
Singapur
Tokio*

Karl Fuchs   Friedemann Wenzel

Erdbeben – Instabilität von Megastädten

Eine wissenschaftlich-technische Herausforderung
für das 21. Jahrhundert

Vorgetragen von Karl Fuchs
in der Öffentl. Gesamtsitzung
in Karlsruhe am 24. Oktober 1998

Springer

Professor Dr. Karl Fuchs
Gottesauerstraße 6
76287 Rheinstetten
Karl.Fuchs@gpi.uni-karlsruhe.de

Professor Friedemann Wenzel
Sprecher des SFB 461
Geophysikalisches Institut, Universität Karlsruhe
Hertz-Straße 16
76187 Karlsruhe
Friedemann.Wenzel@gpi.uni-karlsruhe.de

Die „Sitzungsberichte der Heidelberger Akademie der Wissenschaften –
Mathematisch-naturwissenschaftliche Klasse" haben von nun an
die geänderte Bezeichnung
„Schriften der Mathematisch-naturwissenschaftlichen Klasse der
Heidelberger Akademie der Wissenschaften."
Die Zählung ist nunmehr fortlaufend – beginnend mit 1 – ,
d. h. nicht mehr jahrgangsweise.
Die Supplemente werden mit den „Sitzungsberichten" unter dem neuen
Reihentitel vereinigt.

Die Deutsche Bibliothek – CIP-Einheitsaufnahme

Fuchs, Karl: Erdbeben und Instabilität von Megastädten: eine wissenschaftlich-technische Herausforderung
für das 21. Jahrhundert / Karl Fuchs; Friedemann Wenzel. –
Berlin; Heidelberg; New York; Barcelona; Hongkong; London; Mailand; Paris; Singapur; Tokio: Springer, 2000
(Schriften der Mathematisch-Naturwissenschaftlichen Klasse der Heidelberger Akademie der Wissenschaften; Nr. 6)
ISBN 3-540-67321-0

ISBN 3-540-67321-0 Springer-Verlag Berlin Heidelberg New York

Dieses Werk ist urheberrechtlich geschützt. Die dadurch begründeten Rechte, insbesondere die der Übersetzung, des Nachdrucks, des Vortrags, der Entnahme von Abbildungen und Tabellen, der Funksendung, der Mikroverfilmung oder der Vervielfältigung auf anderen Wegen und der Speicherung in Datenverarbeitungsanlagen, bleiben, auch bei nur auszugsweiser Verwertung, vorbehalten. Eine Vervielfältigung dieses Werkes oder von Teilen dieses Werkes ist auch im Einzelfall nur in den Grenzen der gesetzlichen Bestimmungen des Urheberrechtsgesetzes der Bundesrepublik Deutschland vom 9. September 1965 in der jeweils geltenden Fassung zulässig. Sie ist grundsätzlich vergütungspflichtig. Zuwiderhandlungen unterliegen den Strafbestimmungen des Urheberrechtsgesetzes.

Springer-Verlag ist ein Unternehmen der Fachverlagsgruppe BertelsmannSpringer.
© Springer-Verlag Berlin Heidelberg 2000
Printed in Germany

Die Wiedergabe von Gebrauchsnamen, Handelsnamen, Warenbezeichnungen usw. in diesem Werk berechtigt auch ohne besondere Kennzeichnung nicht zu der Annahme, daß solche Namen im Sinne der Warenzeichen- und Markenschutz-Gesetzgebung als frei zu betrachten wären und daher von jedermann benutzt werden dürften.

Produkthaftung: Für Angaben über Dosierungsanweisungen und Applikationsformen kann vom Verlag keine Gewähr übernommen werden. Derartige Angaben müssen vom jeweiligen Anwender im Einzelfall anhand anderer Literaturstellen auf ihre Richtigkeit überprüft werden.

Gedruckt auf säurefreiem Papier   SPIN: 10765026   08/3142PS - 5 4 3 2 1 0

Inhaltsverzeichnis

Zusammenfassung 1
Einleitung 2
Der bebende Planet 4
    Plattentektonik 5
    Klassische Erdbebenkatastrophen 10
IDNDR – Dekade 11
Erdbeben-Risiko 15
Schadensszenario Los Angeles 19
Megastädte 19
    Politische Minimalpläne für Megacities 22
Neues Katastrophenmanagement 23
Die seismische Gefahren-Wirkungskette 26
Schluß: Gefahr – Gewöhnung 32
Literatur 34

„Wenn wir in unsern Grashütten bleiben wollten, dann gäbe es kein Risiko. Die Erdbeben werden kommen und gehen. Und am nächsten Morgen werdet ihr die Leute einfach fragen, ob sie das Erdbeben in der Nacht gespürt haben. Aber wenn wir uns weiterentwickeln, dann wächst das Risiko für Leben und Eigentum"

Yoweri Kaguta Musevani 1997
Präsident von Uganda,

Zusammenfassung

Die Beobachtung von Erdbeben und deren Interpretation sind ein wesentliches Mittel zur Erforschung des Erdinnern. Sie geben Auskunft über die Verteilung der Großplatten, die an der Erdoberfläche driften und kollidieren. Die Weltkarte der tektonischen Spannungen zeigt aber auch, daß die Großplatten in ihrem Innern ebenfalls gespannt sind. Erdbeben sind nicht vorhersagbar und gehören zu den Naturkatastrophen mit den größten Schäden.

Obwohl die Zahl und auch die Stärke der Erdbeben im Mittel über die Jahrhunderte unverändert sind, nimmt das Risiko der Erdbebenschäden bereits heute und noch mehr im kommenden Jahrhundert zu. Ursache ist der Zuwachs der Weltbevölkerung verbunden mit einer zunehmenden Ballung der Bevölkerung und der Sachwerte in erdbebengefährdeten Gebieten. Hinzu kommt die Zunahme der Zahl der Megastädte mit über 8 Millionen Einwohnern, die sich überwiegend in den Gebieten mit hoher Erdbebentätigkeit konzentrieren.

Dies hat zur Folge, daß bei in etwa gleich bleibender Erdbebengefährdung das Risiko von Erdbebenschäden im nächsten Jahrhundert stark anwachsen wird. Ein besonderes Risiko erwächst für die Megastädte in den Entwicklungsländern.

Es handelt sich um ein Langzeitproblem, das von den Bewohnern, den Regierungen und der Öffentlichkeit nicht genügend erkannt oder unterschätzt wird. Nur konzertierte Maßnahmen der Zusammenarbeit können weiteres Anwachsen des Schadensrisikos verhindern und hoffentlich zu seiner Verminderung führen.

In Karlsruhe hat sich ein Team von Geowissenschaftlern und Ingenieuren zusammengefunden, neue Methoden des Katastrophenmanagements am Beispiel der häufigen Starkbeben im Vrancea-Gebiet der Karpaten und der von ihnen betroffenen Stadt Bukarest zu entwickeln, zu testen und auf andere Regionen übertragbar zu machen. Eine besondere Herausforderung ist die Vorwarnung mit einer Vorlaufzeit von 25 sec. In dieser Zeit können in Bukarest wichtige Maßnahmen zur Schadensminderung ergriffen werden.

Einleitung

Mit den oben zitierten Worten eröffnete der Staatspräsident von Uganda, Yoweri Kaguta Musevani (1997), die Konferenz über das Management von Erdbebenkatastrophen in Entwicklungsländern in Kampala. Diese Sätze umreißen kurz und bündig das Problem, das sich schon heute und im wachsenden Maße für das nächste Jahrhundert abzeichnet und welches das Thema des heutigen Vortrags ist.

Unser Verhältnis zu Erdbeben als Naturgewalt hat sich über die letzten Jahrtausende bis Jahrhunderte erheblich geändert. Erdbeben gehören zu den Naturgewalten, die vom Menschen nicht kontrolliert werden können und die dazu ohne Vorankündigung auftreten. Man kann vor ihnen nicht davonlaufen wie vor einem Vulkanausbruch oder einem Hurrikan, die sich in der Regel genügend vorher ankündigen. Daher lag es nahe, Erdbeben als Ausdruck eines göttlichen Willens zu verstehen. Dies findet man in fast allen Kulturkreisen in Erdbebengebieten.

Aus Celebes, dem heutigen Sulawesi, stammt die Darstellung (Abb. 1) der folgenden mythologischen Erzählung (Ritsema, 1972).

> Maradika Pudu, der Erdgeist ist von Atala, dem Herrn des Himmels, beauftragt worden, in der Erde zu sitzen und sie von Zeit zu Zeit beben zu lassen, um die Leute zu erinnern, Atala nicht zu vergessen. Daher hat Maradika Pudu eine Wasserschüssel vor sich. Wenn er seinen kleinen Finger hineintaucht, gibt es ein kleines Beben; ...
> Sobald ein Erdbeben verspürt wird, sollen Leute rufen „Herr wir sind hier". Auch sollen sie ins Freie laufen und ihre Hunde oder Schweine schlagen, daß sie schreien. Wenn er dies hört, wird der Erdgeist wissen, daß noch Menschen auf der Erde leben, worauf er aufhören wird, es beben zu lassen.
> Sulawesi (Celebes) Mythologie

Es überrascht, im Alten Testament auf eine bemerkenswerte Entmythologisierung der Erdbeben zu treffen. Zu Elia wird gesagt (1. Könige, 19,11): „Gehe heraus und tritt auf den Berg vor den Herrn. Und siehe, der Herr wird vorübergehen. Und ein großer starker Wind, der die Berge zerriß und die Felsen zerbrach, kam vor dem Herrn her, der Herr aber war nicht im Winde. Nach dem Wind aber kam ein Erdbeben, aber der Herr war nicht im Erdbeben ... "

Eine erstaunlich aufklärerische Distanzierung von der Vorstellung, daß Gott sich in katastrophalen Naturgewalten offenbart und dies in einem klassischen Erdbebenland mit bedeutender historischer Dokumentation. Dieser Bericht mutet fast so nüchtern an, wie einige tausend Jahre später die bereits zitierten Worte des Präsidenten von Uganda. In der Neuzeit begann seit Mitte des 18. Jahrhunderts Europa, sich bewußt mit Erdbeben auseinanderzusetzen.

Zu Allerheiligen 1755 trifft Lissabon eines der größten Erdbeben dieses Planeten mit der geschätzten Magnitude 8 $\frac{1}{2}$. 30–60 000 Tote waren durch einstürzende Kirchen, Paläste, Häuser, durch Feuer und die nachfolgende Tsunami-Welle zu beklagen. Das Erdbeben stößt die Kirchenglocken bis weit in das benachbarte

Abb. 1. Indonesische Mythologie zu Erdbeben. Illustration der Erzählung aus Sulawesi (Celebes – s. Text) des indonesischen Künstlers I. Sakri. Aus: Ritsema (1972) mit freundl. Genehmigung d. Autors und Elsevier Science.

Europa an und läßt die Spiegel von Seen bis nach Finnland hin schwanken. Mehr noch, die Nachricht von der Katastrophe breitet sich in der optimistischen Kultur des 18. Jahrhunderts wie eine Schockwelle aus: Voltaire schildert in Candide (Voltaire, 1991), daß man als Katastrophenmanagement und zur Abwendung weiterer Erdbeben sich kirchlicher Gerichte, Autodafén, bediente. Er fragt mit seinem durch die Trümmer von Lissabon irrenden Helden: „wenn das hier die beste aller Welten ist, wie muß es dann erst auf den anderen aussehen?" Den jungen Goethe (1798) gar läßt dieses Ereignis an der Güte Gottes zweifeln.

Heute tragen uns die Medien die Nachrichten von Erdbebenkatastrophen fast in Echtzeit in unsere Häuser: in diesem Jahr *Izmit* (∼15 000 Tote), *Athen* (∼200 Tote), *Taiwan* (>2000 Tote) sind noch in frischer Erinnerung. An *Kobe* (1995; 6000 Tote) beginnt die Erinnerung, sich schon zu trüben. Wir sind jedesmal betroffen und auch spendenbereit. Aber der Kulturschock bleibt aus! Und doch wäre gerade dies die Zeit zu höchster Besorgnis bezüglich der Folgen von starken Erdbeben im nächsten Jahrhundert.

Nach dieser kurzen Einstimmung durch einen Blick auf das Verhältnis von Erdbeben und Gesellschaft, wird das Folgende sich wie folgt gliedern:

- Der bebende Planet,
- Die IDNDR-Dekade,
- Erdbebenrisiko,
- Neues Katastrophenmanagement und
- Gefahr und Gewöhnung.

Der bebende Planet

Das Beben von Lissabon ist auch der Beginn der wissenschaftlichen Untersuchung von Erdbeben, die Geburtsstunde der Seismologie, zumindestens der systematischen Erfassung der Schäden. Erdbeben haben für Seismologen stets ein doppeltes Gesicht.

Einerseits werden sie als wichtiges Forschungsmittel zur Untersuchung der Struktur und Dynamik des Erdinnern verwendet. Starke Beben sind besonders günstig, weil sie gleichsam wie eine starke Röntgenquelle den gesamten Erdkörper durchleuchten. Vom Herd des Bebens gehen elastische Wellen aus, die den Aufbau des Erdinnern mit hoher Auflösung erfassen. Der flüssige äußere Erdkern wurde als Sitz des Erdmagnetfeldes erkannt und unterschieden vom festen inneren Kern. Tiefherdbeben markieren den Ort der Subduktionsplatten an den Tiefseegräben, die begleitet sind von Inselketten mit ihren Vulkanen. Seismische Wellen geben auch Auskunft über die Lage der Beben und die Kräfte, die zu ihrer Auslösung führen. Dieses Gesicht der Erdbeben erfreut den Seismologen.

Andrerseits haben diese Starkbeben die Katastrophen zur Folge, die Städte zerstören und Menschenleben kosten. Gegen sie muß man sich schützen. Erdbebensicher zu bauen, das war und ist die Aufgabe des Ingenieurs. Beide, Seismologen und Ingenieure, bilden heute ein Team. Verstehen beide die Sprache des anderen?

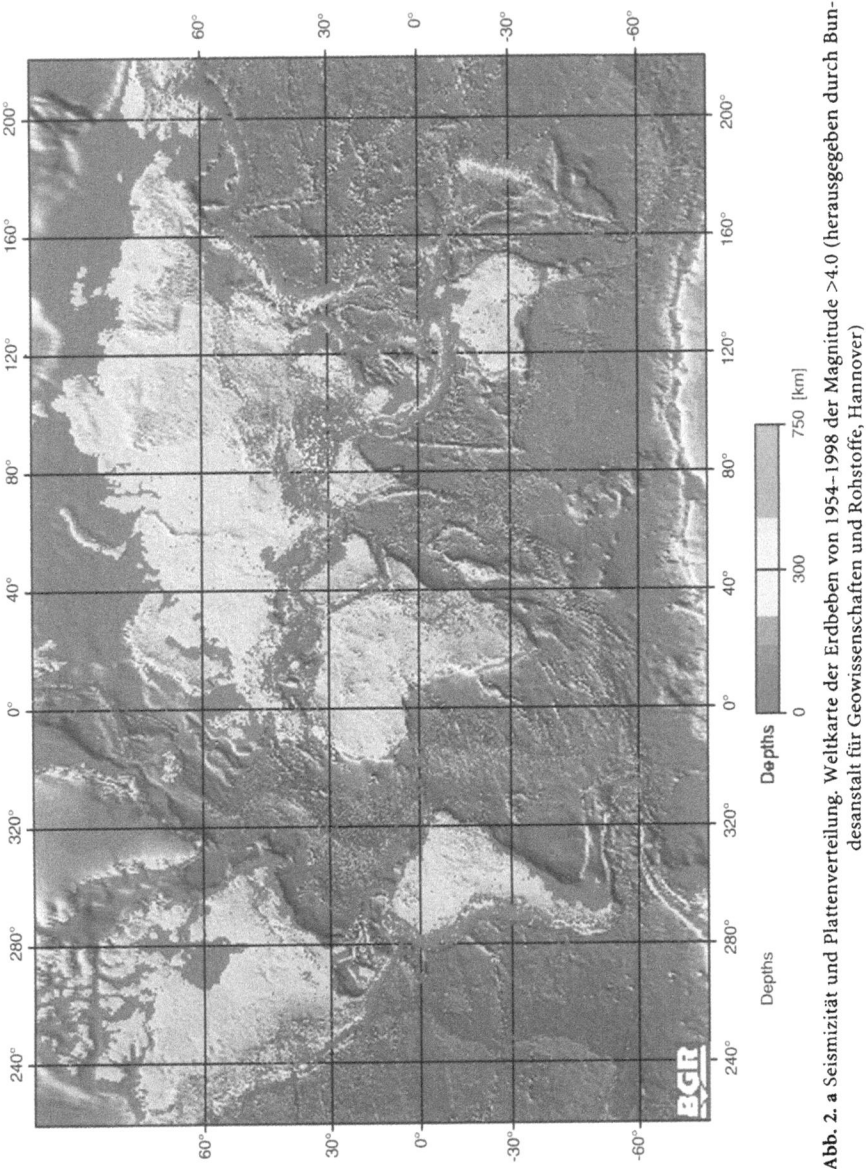

Abb. 2. a Seismizität und Plattenverteilung. Weltkarte der Erdbeben von 1954–1998 der Magnitude >4.0 (herausgegeben durch Bundesanstalt für Geowissenschaften und Rohstoffe, Hannover)

Plattentektonik

Seit dem Erdbeben von Lissabon hat sich das Verständnis der Erdbeben wesentlich verbessert. Wir verstehen sie heute, wie auch die Vulkane, als „Lebenszeichen" des Planeten Erde, dessen innere Wärmemaschine über gewaltige Konvektionszellen im Erdmantel die Bewegung von Platten an der Erdoberfläche

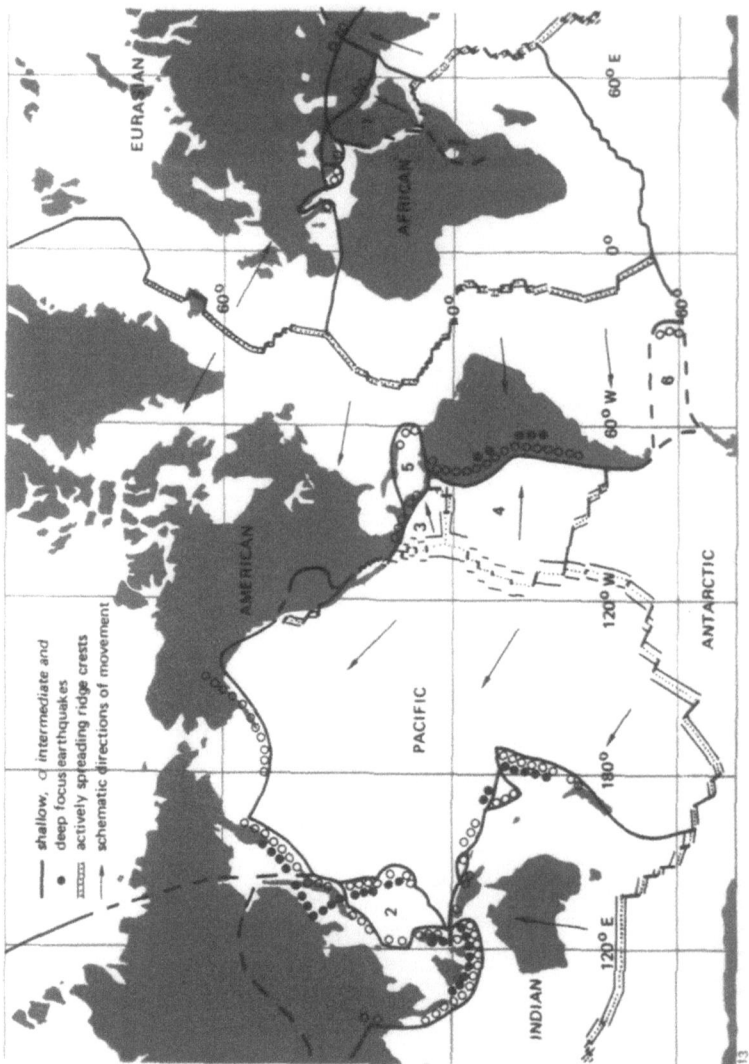

Abb. 2. b Die Erdbebenaktivität der Erde und ihr Zusammenhang mit den sechs benannten Hauptplatten und sechs kleineren, nummerierten Platten: (1) Arabien, (2) Philippinen, (3) Cocos, (4) Nasca, (5) Karibik, (6) Scotia. Die Platten sind entweder von aktiven Rücken, Querverwerfungen, Tiefseegräben oder Kompressionszonen umgeben. Die Ausbreitungsgeschwindigkeit der Platten variiert von 1 cm/Jahr in der Nähe von Island bis auf 9 cm/Jahr im äquatorialen Pazifik (nach Vine, 1971).

antreibt. Erdbeben sind nicht gleichmäßig über die Erdoberfläche verteilt (Abb. 2a und 2b) sondern treten in mehr oder weniger diskreten Gürteln an den Plattenrändern auf: an den Tiefseegräben um den pazifischen Ozean, an den mittelozeanischen Gebirgsrücken und, etwas diffuser verteilt, in den Kollisionszonen der driftenden Kontinente Indien und Asien, bzw. Afrika und Europa, also im Alpen-Himalaya-Gürtel. Sie markieren auch die in den Erdmantel zurückkehrenden Platten und damit die Subduktionszonen.

Rücken als Quellen der Spannung – WSM

Erdbeben markieren die Gebiete, in denen sich die Spannung entlädt, die den Platten über die Aufwölbungen der mittelozeanischen Rücken immer wieder durch die Konvektionsströmungen im Erdmantel zugeführt wird. Tektonische Spannungen sind praktisch regenerativ! Nach einem schweren Erdbeben werden die Platten aufs neue gespannt und im nächsten Zyklus wieder an den Bruch, das nächste Erdbeben, herangeführt. Die Wiederkehrzeiten dieser Zyklen variieren sehr von etwa 30 Jahren (wie z.B. in Rumänien) über 50–100 Jahre (Kalifornien, Japan) bis hin zu mehreren 100–1000 Jahren im Innern der Platten. Das Innere der Platten ist nämlich nicht etwa frei von Spannungen und damit auch nicht frei von Erdbeben. Dies wird durch die „Weltkarte der tektonischen Spannungen" (M.L. Zoback et al. 1989; M.L. Zoback, 1992) dokumentiert, ein Ergebnis des gleichnamigen Forschungsprojektes (Müller et al., 1997b) an der Heidelberger Akademie (Abb. 3). In ihr werden die Richtungen der maximalen horizontalen tektonischen Spannungen dargestellt. Sie zeigt, daß tektonische Spannungen sich von den Plattenrändern über Tausende von Kilometern durch das Innere der Platten hindurch fortsetzen. Wir erkennen Spannungsprovinzen mit deutlicher, quasi homogener Vorzugsausrichtung der Spannungen.

An den Plattenrändern treten Erdbeben besonders häufig auf, aber auch innerhalb der tektonisch gespannten Platten kommt es an Schwächezonen verschiedener Art zu zum Teil sehr heftigen Spannungsentladungen, sog. Intraplattenbeben. Da die Erdbeben im Innern der Platten nicht so häufig sind wie an ihren Rändern, ist es im Innern besonders schwierig, ihre Wiederkehrzeit, ihren Ort und auch ihre Stärke abzuschätzen. Eines der schweren Intraplattenbeben waren drei eng aufeinanderfolgende Beben in der Region New Madrid (Missouri/USA), die am 16. Dezember 1811 ($M \geq 8$) (Richter, 1958) begannen. Die damals verhältnismäßig geringen Schäden bei großer seismischer Gefahr erklären sich durch die geringe Verletzbarkeit: dünn besiedeltes Gebiet in vorwiegend Holzhausbauweise (Lock Cabins).

Stärke der Erdbeben

Seismologen messen die Stärke der Erdbeben auf zwei verschiedenen Skalen:
a) Makroseismische oder Intensitätsskala. Sie ist eine bewährte Skala und geht schon auf die Zeit vor der Einführung der Seismometer zurück. Anhand des beobachteten Schadens und der Reaktion der Bevölkerung wird die Intensität des Bebens festgestellt. Aus mehreren Vorläufern hat sich in Europa die 12-teilige EMS98 Skala (Tabelle 1; Grünthal, 1998) durchgesetzt. Der Nachteil dieser Skala ist ihre Subjektivität und Abhängigkeit von der Bevölkerungsdichte und Bebauung. Trotzdem ist sie gerade für historische Beben die einzige Möglichkeit, deren Stärke abzuschätzen.
b) Magnitudenskala. Sie ist ein logarithmisches Maß für die Energie des Bebens, die in Form elastischer Wellen abgestrahlt wird. Es ist die oft gehörte

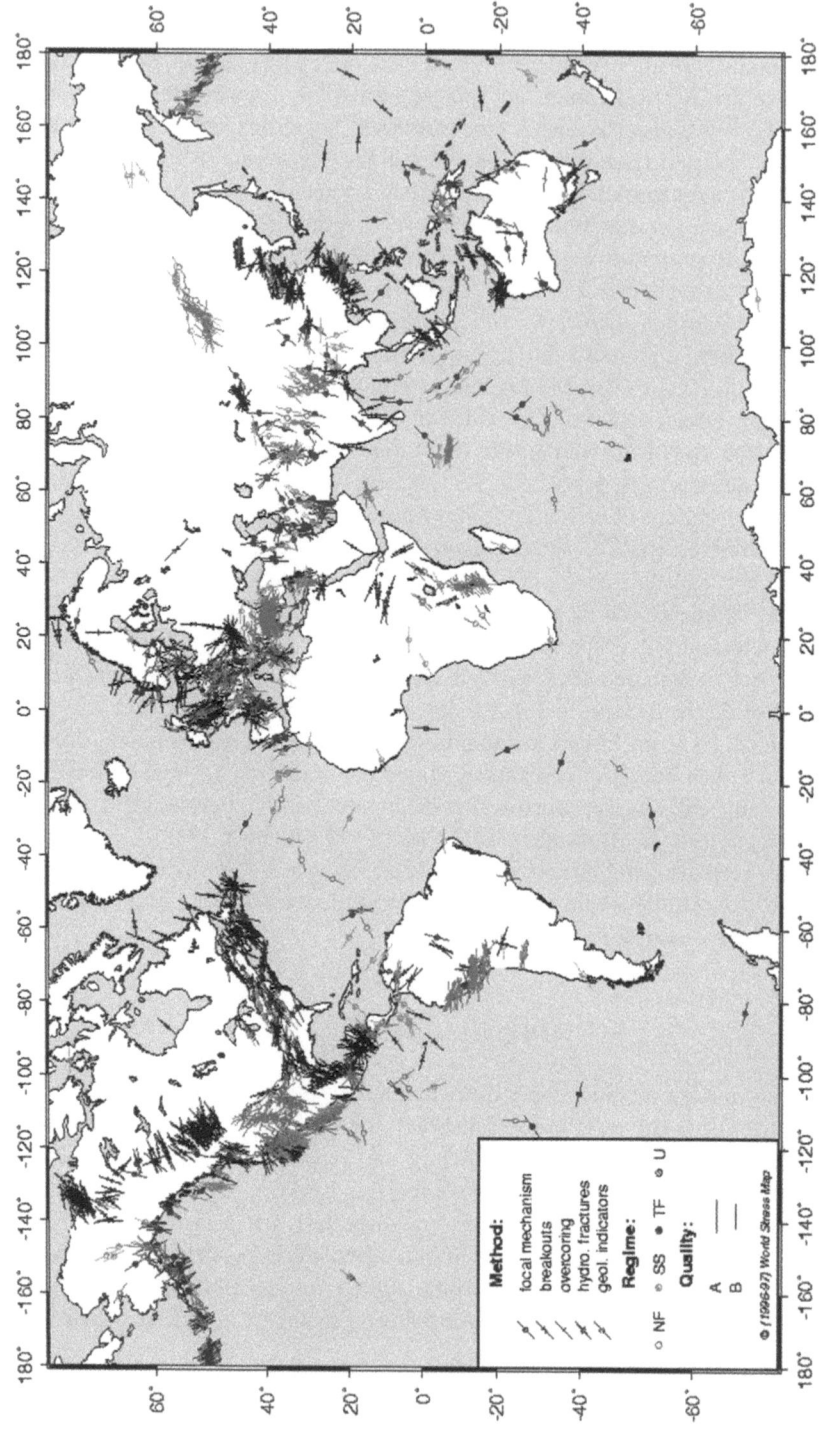

Abb. 3. Weltkarte der tektonischen Spannungen. Die Striche zeigen in die Richtung maximaler horizontaler Kompressionsspannungen SH_{max}. Mercator Projektion (Mueller et al., 1997b)

„nach oben offene Richter-Skala" (Richter, 1958). Sie wird instrumentell aus der durch Seismometer gemessenen Bodenbewegung ermittelt.

Die folgende Tabelle 2 gibt neben der Intensitätskala die ungefähre Magnitude, Häufigkeit und Energie der Beben an.

Aus dieser Tabelle erkennt man den auf Gutenberg und Richter (1956) zurückgehenden wichtigen Zusammenhang (Abb. 4) zwischen der Magnitude M und der Häufigkeit N der Beben. So gilt z.B. für das Gebiet des Oberrheingrabens (Bonjer et al., 1984):

$$\log N = 3.14 - 0.74 \cdot M$$

Erdbeben kleiner Magnitude sind glücklicherweise weit häufiger als die großer Magnituden. Zwar deutet sich aus dieser Beziehung die Möglichkeit an, aus der Beobachtung von schwachen Beben auf die Häufigkeit der selteneren Beben mit größerer Magnitude zu schließen. Leider sagt diese Beziehung nichts darüber aus, welches in einem bestimmten Gebiet das maximal mögliche Erdbeben ist. Dies schränkt die Nützlichkeit dieser Beziehung für die Abschätzung der Gefahr durch Erdbeben stark ein.

Tabelle 1. Europäische Makroseismische Intensitätsskala EMS-98 (Grünthal, 1998).

Intensität	Definition	Beobachtung
I	Nicht gespürt	Nur durch Seismometer registriert
II	Kaum gespürt	Von einigen in Ruhe befindlichen Personen im Hause gespürt
III	Schwach	Nur von wenigen Personen im Hause gespürt
IV	Weit beobachtet	Von vielen Personen gespürt Geschirr und Fenster klirren
V	Stark	Im Hause von den meisten, im Freien von wenigen gespürt; hängende Gegenstände pendeln
VI	Schwache Schäden	Viele Personen sind verängstigt und laufen aus dem Haus Leichte Verputzschäden
VII	Schäden	Die meisten Personen sind verängstigt und laufen aus dem Haus. Risse in Verputz, Wänden und an Schornsteinen
VIII	Schwere Schäden	Viele Personen haben Schwierigkeiten, stehen zu bleiben. Große Risse in Mauerwerken
IX	Zerstörungen	Allgemeine Panik. An einigen Gebäuden stürzen Wände u. Dächer ein. Erdrutsche
X	Schwere Zerstörungen	Viele normale gut gebaute Gebäude stürzen ein.
XI	Verwüstungen	Die meisten normalen gut gebauten Gebäude stürzen ein, selbst einige mit erdbebensicherer Bauweise
XII	Völlige Verwüstung	Fast alle Gebäude stürzen ein. Totaler Schaden

Tabelle 2. Intensität – Magnitude – Energie

Makro-seismische Skala	Ungefähre Magnitude	Zahl der Beben pro Jahr	Seismische Energie (Joule)
I	2.0–3.0	800 000	$4 \cdot 10^3 – 10^6$
II			
III	3.5–4.2	30 000	$1.6–76 \cdot 10^8$
IV	4.3–4.8	4 800	$1.3–27 \cdot 10^9$
V	4.9–5.4	1 400	$3.6–57 \cdot 10^{10}$
VI			
VII	5.5–6.1	500	$1–27 \cdot 10^{12}$
VIII	6.2–6.9	100	$0.5–23 \cdot 10^{14}$
IX		Hiroshima Bombe	10^{16}
	7.0–7.3	15	$0.04–0.2 \cdot 10^{17}$
X			
XI	≥ 7.4	4	$\geq 4 \cdot 10^{17}$
XII	≥ 8.0	0.1–0.2	$\geq 10^{18}$
		US-Energieverbr./Jahr	10^{22}
		Jährl. Terrestr. Wärmefluß	10^{23}

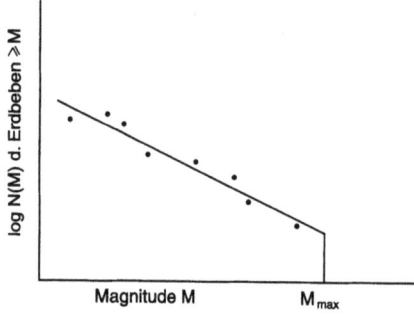

Abb. 4. Magnituden-Häufigkeitsbeziehung. Logarithmus der kumulierten Zahl N(M) der Beben mit Magnituden $\geq$ M pro Jahr. Die Parameter a und b werden aus regionalen, instrumentellen Beobachtungen von Erdbeben abgeleitet. Problematisch ist die Abschätzung der für eine Region zutreffenden maximalen Magnitude M_{max}

Klassische Erdbebenkatastrophen

Bevor wir uns den heutigen Erdbeben und ihren katastrophalen Auswirkungen zuwenden, sei kurz an einige wichtige Katastrophenbeben erinnert. Das Beben von Basel ist das stärkste im Gebiet des südlichen Oberrheingrabens beobachtete Beben. Die Beben von San Francisco (1906) und von Tokyo (1923) verstärkten in beiden Ländern und weltweit die Maßnahmen für erdbebensicheres Bauen. Die Vorhersage des Bebens von Haicheng/China (1975) mit erfolgreicher Räumung einer Millionenstadt stimulierte weltweit die Suche nach Methoden zur Erdbebenvorhersage. Nur ein Jahr später trat die große Ernüchterung ein, als das Katastrophenbeben die Großstadt Tangchan/China (1976) traf, ohne daß eine

Tabelle 3. Einige klassische Erdbebenkatastrophen

Datum	Ort	Magnitude/ Intensität	Tote	Schaden (Mio US$)
18.10.1356	Basel	$I_0 \geq IX$	300	
1.11.1755	Lissabon	8.5	30.000	
18.4.1906	San Francisco	8.2	3000	524
1.9.1923	Tokyo	8.3	143.000	2.800
4.2.1975	Haicheng	7.6	300	
27.7.1976	Tangchan	8.1	290.000	5.600
4.3.1977	Bukarest	7.1	1500	800
17.1.1995	Kobe	6.9	6350	100.000

Vorhersage stattfand (Seibold, 1995). Kobe (1995) wurde in Japan trotz großer Erfahrung mit Erdbebenbauvorschriften überraschend stark getroffen, weil eine geologische Verwerfung nicht als gefährlich eingestuft worden war.

IDNDR – Dekade

Im Juli 1984 regte Frank Press, ein weltbekannter Seismologe, damals Präsident der US National Academy of Science, auf dem 8. Weltkongreß für Erdbeben-Ingenieure eine Internationale Dekade zur Verminderung der Auswirkungen der Naturkatastrophen an (Press, 1984). Es ist bemerkenswert, daß ein weltbekannter Seismologe sich nicht eine Verbesserung der Erdbebenvorhersage wünschte. Statt dessen forderte er eine Kooperation von Geowissenschaftlern, Ingenieuren, Städteplanern, Gesetzgebern, Versicherungsfirmen und Krisenmanagern. Press hatte erkannt, daß der Traum der Vorhersage des zeitlichen Auftretens von Erdbeben, der Seismologen in USA, Japan und in China noch in den 70er Jahren faszinierte, eine unrealistische Fata Morgana war und gerade bei Erdbebensicherheit die Zukunft in einer engeren Zusammenarbeit zwischen Seismologen und Ingenieuren zu suchen ist. Die UNO nahm in einer Resolution aus dem Jahre 1987 diesen Vorschlag auf und rief die 90er Jahre zur IDNDR-Dekade, besonders in Entwicklungsländern aus. Sie endet am 31. Dezember 1999.

Was war der eigentliche Anlaß für den Aufruf zur Zusammenarbeit zwischen Seismologen, Erdbebeningenieuren und anderen? Fest steht, daß die Erdbebenschäden in den letzten Dekaden erheblich zugenommen hatten und weiter steigen, und zwar nicht nur in den Entwicklungsländern, und auch während der IDNDR-Dekade. Fest steht auch, daß die Zahl und die Stärke der Beben weltweit über die letzten Jahrhunderte im Mittel unverändert geblieben sind.

Daher fragen wir uns: – Liegt das Anwachsen der Schadensmeldungen vielleicht nur an der besseren globalen Berichterstattung der Medien? – Gibt es Fehler oder Mißverständnisse in der bisherigen Zusammenarbeit von Seismologen und Bauingenieuren? Immerhin haben beide zusammen die Bauvorschriften (DIN 4149 (1981 & 1992), EUROCODE 8, (1994)) für erdbebengefährdete Gebiete erarbeitet.

Zunahme der Erdbeben im Medienzeitalter?

Die enge Vernetzung der Medien mit globaler Reichweite führt dazu, daß wir fast in Echtzeit von jeder größeren Naturkatastrophe auf diesem Planeten erfahren. Die Berichterstattungen über die katastrophalen Folgen von starken Erdbeben sind so häufig, daß die Seismologen immer wieder gefragt werden, ob die Zahl und auch die Stärke der Zerstörungsbeben in den letzten Jahren zugenommen haben. Auch wird gefragt, ob irgendwelche Eingriffe des Menschen in die Natur diese scheinbare Zunahme der Erdbebenkatastrophen bewirkt haben könnten. Häufig wird vermutet, daß unterirdisch gezündete Kernexplosionen hierfür verantwortlich zu machen sind. Doch die Erdbebenschäden nehmen auch nach Einstellung der Kernwaffenversuche in den USA und in Rußland weiter zu.

Der Seismologe kann die Zahl und die Stärke der Beben seit etwa 100 Jahren instrumentell messen und kann sie darüber hinaus aus historischen Chroniken – das sind sehr häufig Aufzeichnungen in Klöstern – über mehrere Jahrhunderte zurück abschätzen (u.a. Gutdeutsch et al., 1992).

Dies wird an einem Beispiel für die Erdbebenhäufigkeitsverteilung über 5 Jahrhunderte aus den rumänischen Karpaten (Abb. 5) (Radu, 1974) verdeutlicht. Im Mittel ist die Zahl der starken Erdbeben unverändert und Bukarest wird alle 30 Jahre von einem zerstörerischen Beben der Magnitude ≥ 7 getroffen.

Gaukeln uns also die Medien durch ihre schnelle und weltweite Berichterstattung ein Szenario der Zunahme von Schadensbeben vor, das es in Wirk-

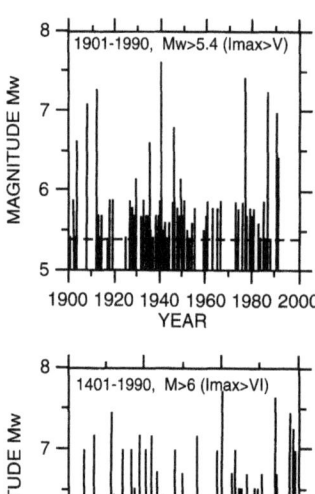

Abb. 5. Zeitliche Verteilung der Erdbeben mit Magnituden M in Rumänien (ergänzt nach Radu, 1974). Oben:. 1901–1990 Berücksichtigung aller Beben mit $M > 5.4$ (entsprechend einer maximalen Intensität Imax $>$ V im Epizentrum). Unten: 1401–1990 Berücksichtigung aller Beben mit $M > 6$ (Imax $>$ VI). Bukarest wird alle 30 Jahre von einem zerstörerischen Beben der Magnitude ≥ 7 getroffen

lichkeit gar nicht gibt? – Die Versicherungsbranche verfolgt die Erdbeben und ihre Schäden sehr genau in Statistik und Schaubildern.

In Abb. 6a (Münchener Rück, 1999) wird gezeigt, wie in den Jahren 1960-1998 die Anzahl der großen Naturkatastrophen zugenommen hat. Die Graphik unterscheidet verschiedene Typen von Naturkatastrophen (Überschwemmungen, Sturm, Erdbeben u. sonstige). Während die Zahl der „meteorologischen" Katastrophen zugenommen hat, ist die Anzahl der Erdbebenkatastrophen im Verhält-

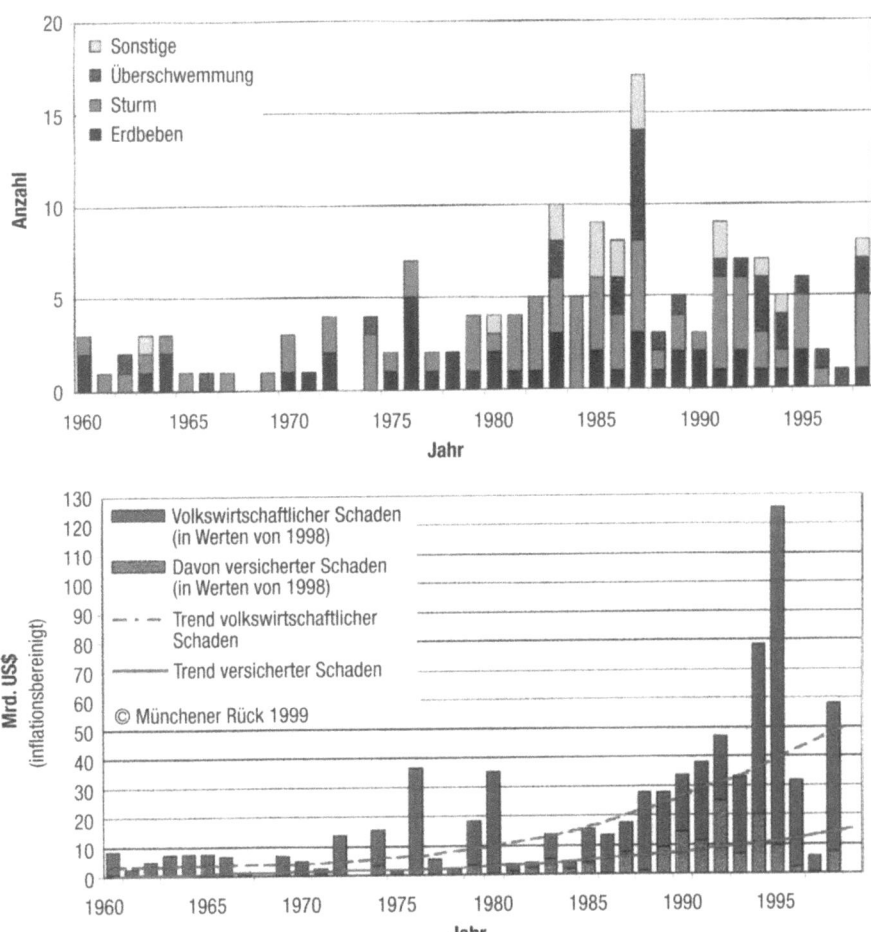

Abb. 6. Große Naturkatastrophen 1960-1998. (a) (oben) Anzahl der Katastrophen mit weit über 100 Toten und/oder 100 Mio. US$ Schaden, unterteilt nach Ereignistypen. Die Zahl der Starkbeben ist im Mittel unverändert. (b) (unten) Große Naturkatastrophen 1960-1998. Die volkswirtschaftlichen und die versicherten Schäden zeigen exponentiell zunehmende Trends. Spitzen beruhen meist auf Starkbeben (mit freundl. Genehmigung von Münchener Rück, 1998)

nis zu den anderen merkwürdig konstant. Die Spitzen der Schäden sind überwiegend auf Erdbeben zurückzuführen. Zu einer „großen" Naturkatastrophe wird eine Katastrophe gerechnet, welche die Selbsthilfefähigkeit einer Region übersteigt. In der Abb. 6b ist die Zahl der Schäden der Naturkatastrophen dargestellt. Besonders deutlich ist hier der fast exponentielle Anstieg der Schäden (volkswirtschaftliche und davon versicherte Schäden). Die bedeutende Rolle der Erdbeben geht aus der Graphik im Jahre 1995 hervor. Bei „nur" 12 Ereignissen stellen die Erdbeben die Mehrzahl der Todesopfer (48%), der volkswirtschaftlichen Schäden (von 183 Mrd. US$, 56%) und der versicherten Schäden (von 15.7 Mrd. US$, 58%).

Die Münchner Rückversicherung schreibt (Münchener Rück, 1995):
„Der seit Jahren beobachtete Trend zu immer mehr und immer teureren Katastrophen hat sich 1995 wieder verstärkt. Vergleicht man den 10-Jahresraum 1986–1996 mit dem der 60er Jahre, dann ergibt sich ein Anstieg bei den volkswirtschaftlichen Schäden (inflationsbereinigt) auf das 8.1-fache (und bei den versicherten Schäden um das 15.1-fache.). Dieser Trend beruht nach wie vor überwiegend auf der rapiden Zunahme der Wertekonzentrationen in den katastrophen-exponierten Regionen und auf einer wachsenden Schadensanfälligkeit in unserer modernen Industriegesellschaft." – Soweit die Münchner Rückversicherung.

Das Beben von Kobe am 17.1.1995 nimmt in der Reihe der jüngsten Großschadensbeben eine Sonderstellung ein. Es gehört mit seiner Magnitude von 6.9 nicht zu den stärksten Beben. Es liegt in Japan, einem Land mit langer Tradition von gesetzlich eingeführten Vorschriften für erdbebensicheres Bauen. Das nach der Katastrophe beobachtete Schadensbild übertrifft aber die Schadensprognosen bei weitem, die vor dem Beben abgegeben wurden. Das hatte zwei wesentliche Ursachen: 1) das Beben entstand an einer als inaktiv vermuteten Verwerfung, die bei den Prognosen nicht berücksichtigt worden war (ein geowissenschaftliches Problem), und 2) die Infrastruktur wurde stärker in Mitleidenschaft gezogen als vorher projiziert (ein geo- und ingenieurwissenschaftliches Problem).

Die Schadensanfälligkeit der Infrastruktur trägt stark zur Instabilität moderner Großstädte bei Erdbebenkatastrophen bei. Dies zeigt sich auch an den Wiederherstellungszeiten (s. Tabelle 4).

Tabelle 4. Wiederherstellungszeiten Kobe 1995 (Münchener Rück, 1995)

	Wiederherstellungszeiten:
– Transportwege	
Shinkansen-Bahnlinie	4 Monate
Hanshin-Autobahn	2 Jahre
Lokalbahnnetz	6 Monate
– Hafenanlagen	2-3 Jahre
– Telephonnetz	2 Wochen
– Stromversorgung	1 Woche
– Wasserversorgung	5 Wochen
– Gasnetz	5 Monate

Das Schadensszenario von modernen Großstädten ist also sehr komplex und enthält viele indirekte Folgeschäden. Wegen dieser Anfälligkeit führen Beben, die man zwar auch früher schon als gefährlich eingestuft hätte, heute zu unerwartet hohen und mit der Zeit zunehmenden Schäden.

Erdbeben-Risiko

Um das Anwachsen der zu erwartenden Erdbebenschäden bei gleicher Häufigkeit und Stärke der Beben zu verstehen, müssen wir den Begriff des Erdbebenrisikos oder das Schadensrisiko erläutern und definieren. Naturgewalten werden nur im Zusammenhang mit den Menschen zu Naturkatastrophen. Eine von Erdbeben bedrohte Stadt hat mehrere Arten, verschieden gefährdeter Elemente oder Objektkategorien wie: *Personen*; *Gebäudearten*: Wohnhäuser, Schulen, Krankenhäuser, Industriekomplexe, Kraftwerke, Staudämme; *Infrastruktur*: Straßen, Brücken, öffentliche Verkehrsnetze, Stromnetze, Telefonleitungen, Gasleitungen, Pipelines, Flughäfen, Fluchtwege, Lage der Krisendepots.

Für jede Kategorie dieser gefährdeten Elemente läßt sich im Stadtgebiet bei einem vorgegebenen Beben der zu erwartende Schaden R_E quantitativ in DM oder US$ abschätzen aus.

$$R_E = N_E \otimes W_E \otimes V_E \otimes G \tag{1}$$

Dabei ist: G = die vom Erdbeben am Standort verursachte Gefahr in Bodenbeschleunigung; V_E = Verletzbarkeit des Elementes unter Einwirkung der Bodenbeschleunigung im Bereich $\langle 0; 1 \rangle$; W_E = Wert des Elements und Folgeschäden; oder auch Zahl der betroffenen Personen; N_E = Anzahl der Elemente in der Kategorie E.

Wir können uns leicht vorstellen, daß die Schäden und Folgeschäden an einem Element mit anderen Elementkategorien verkoppelt sind. So kann z.B. der Einbruch eines Staudamms zu Folgeschäden an vielen anderen Elementen führen.

Klassische Schadensverminderung

Nach den schweren Erdbeben von Tokyo (1923) in Japan und Long Beach (1933) in USA, bei denen in erheblichem Umfang Schulen und Krankenhäuser zerstört wurden, erließen die Gesetzgeber in beiden Ländern verbindliche Bauvorschriften. Nach Beben auf der Schwäbischen Alb von 1969 und 1979 schloß das Land Baden-Württemberg Erdbebenschäden in die gesetzliche Gebäudeversicherung ein und machte als baurechtliche Folge die Vorschrift nach DIN 4149 (1981 & 1992) verbindlich. Der Bau von Kernkraftwerken hat in vielen Ländern zur weiteren Einführung und Präzisierung von Bauvorschriften geführt. Für die Zukunft wird der EUROCODE 8 (1994) auch für Deutschland verbindlich sein.

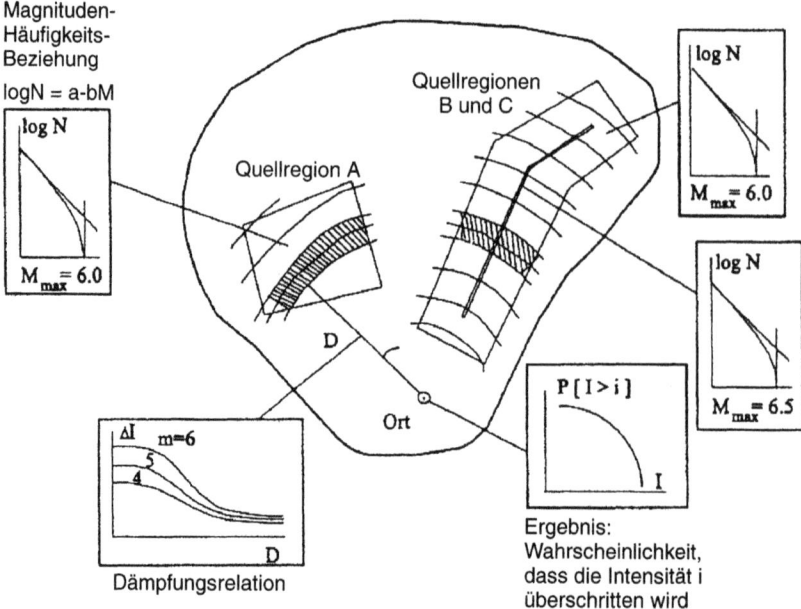

Abb. 7. Schematische Darstellung der probabilistischen Gefährdungsbestimmung nach der Cornell-Methode (nach Grünthal et al., 1998)

Alle gesetzlichen Bauvorschriften basieren auf der Einschätzung der Erdbebengefahr (Abb. 7, Grünthal et al., 1998). An einem Standort wird auf Grund des Abstandes von den Herdgebieten und bekannten Verwerfungen sowie den unterschiedlichen Häufigkeiten der Magnituden die Wahrscheinlichkeit für das Nicht-Überschreiten einer bestimmten Intensität berechnet. Dabei wird auch die Amplitudendämpfung berücksichtigt. Aus solchen Rechnungen ergeben sich Erdbebengefährdungskarten. Abbildung 8 (Grünthal et al., 1998) gibt diese Karte für die D-A-CH-Staaten (Deutschland, Österreich, Schweiz) wieder. Aufgetragen werden die Intensitäten I, die mit 90% Wahrscheinlichkeit in 50 Jahren nicht überschritten werden (nach Grünthal & Mayer-Rosa, 1998). Deutlich sind die höheren zu erwartenden Intensitäten im Gebiet des Hohenzollerngrabens, westlich Kölns und bei Basel zu erkennen.

Wir erinnern uns an die großen Wiederkehrzeiten der Intraplattenbeben und fragen uns daher für einen Augenblick, wie diese Karte aussehen würde, wenn das Beben von Basel aus dem Jahre 1356 oder die Erdbebenserie im Raume des Hohenzollerngrabens – sie startete erst Anfang dieses Jahrhunderts – noch nicht stattgefunden hätten. Welche Intraplattenbeben stehen uns noch bevor, deren Wiederkehrzeit uns in prähistorische Zeit führen könnte? Hier ist der Geologe zusammen mit dem Seismologen gefordert, über Grabungen die Orte, Stärke und das Alter prähistorischer Beben zu ermitteln. Es entstand das neue Gebiet der Paläoseismologie (z.B. Camelbeeck & Meghraoui, 1996).

Aus solchen Gefährdungskarten entstanden die Erdbebenbauvorschriften in enger Zusammenarbeit zwischen Seismologen und Bauingenieuren: für den Standort eines geplanten Bauwerks gab der Seismologe die maximal zu erwartende Bodenbeschleunigung voraus und der Bauingenieur kann mit seiner Erfahrung die Verletzbarkeit – Wahrscheinlichkeit der Beschädigung – des Neubaus oder des zur ertüchtigenden Altbaus unter jede vom Gesetzgeber verlangte Grenze bringen. Selbst bei großem G kann dann das Produkt V ⊗ G und damit auch das Risiko bei entsprechendem Kostenaufwand beliebig klein gehalten werden.

Schwierigkeiten der klassischen Methode

Diese klassische Methode der Schadensverminderung stößt in Ballungsräumen der Großstädte in erdbebengefährdeten Gebieten auf folgende Hauptschwierigkeiten, die zu erheblich höheren Risikowerten führen können:

1. Der Baubestand ist weitgehend vorgegeben
2. Er kann bei verträglichem Finanzierungsaufwand (öffentlich oder privat) nur in beschränktem Umfang durch Ertüchtigungsmaßnahmen (Retrofitting) in seiner Verletzbarkeit verbessert werden
3. Die Ballung von Personen und Sachwerten kann das Gesamtrisiko R_E aus Gl. (1) über das Produkt $N_E \otimes W_E$ stark vergrößern
4. Die seismische Gefährdung ist unterschätzt worden, weil:
    a) die vermutete maximale Bebenstärke überschritten wurde oder
    b) das Beben näher am Standort lag oder
    c) auf einer als inaktiv eingestuften Verwerfung stattfand (Kobe!)
5. Der Einfluß der Verletzbarkeit der Infrastruktur steigert sich in Ballungsgebieten erheblich
6. Unterschätzung der Folgeschäden. An den Gesamtschäden bei Erdbebenkatastrophen sind in erheblichem Umfang Folgeschäden beteiligt, die gerade für Ballungsgebiete typisch sind: Feuer, Unterbrechung von lebenswichtigen Verbindungen wie: Wasser, Kommunikation, Brücken, Flugplätze, Versorgung mit Medikamenten, Lebensmitteln
7. Das Fehlen der Optimierung des Krisenmanagements in der Vorbereitung und nach dem Beben

Alle diese Unsicherheiten führen dazu, daß das Erdbebenrisiko einer Großstadt heute detailliert über die Summe der zu erwarteten Einzelrisiken ermittelt und dabei auch die Kreuzkopplung der Schäden berücksichtigt werden muß.

$$R = \sum R_E = \sum N_E \otimes W_E \otimes \boxed{V_E} \overset{\text{Wechselwirkung Boden/Bau}}{\otimes} \boxed{G} \quad (2)$$

Es muß eine Vielfalt von Schadensszenarien erstellt werden, und zwar unter Berücksichtigung der Lage aller möglichen Verwerfungen, Kreuzkopplungen und

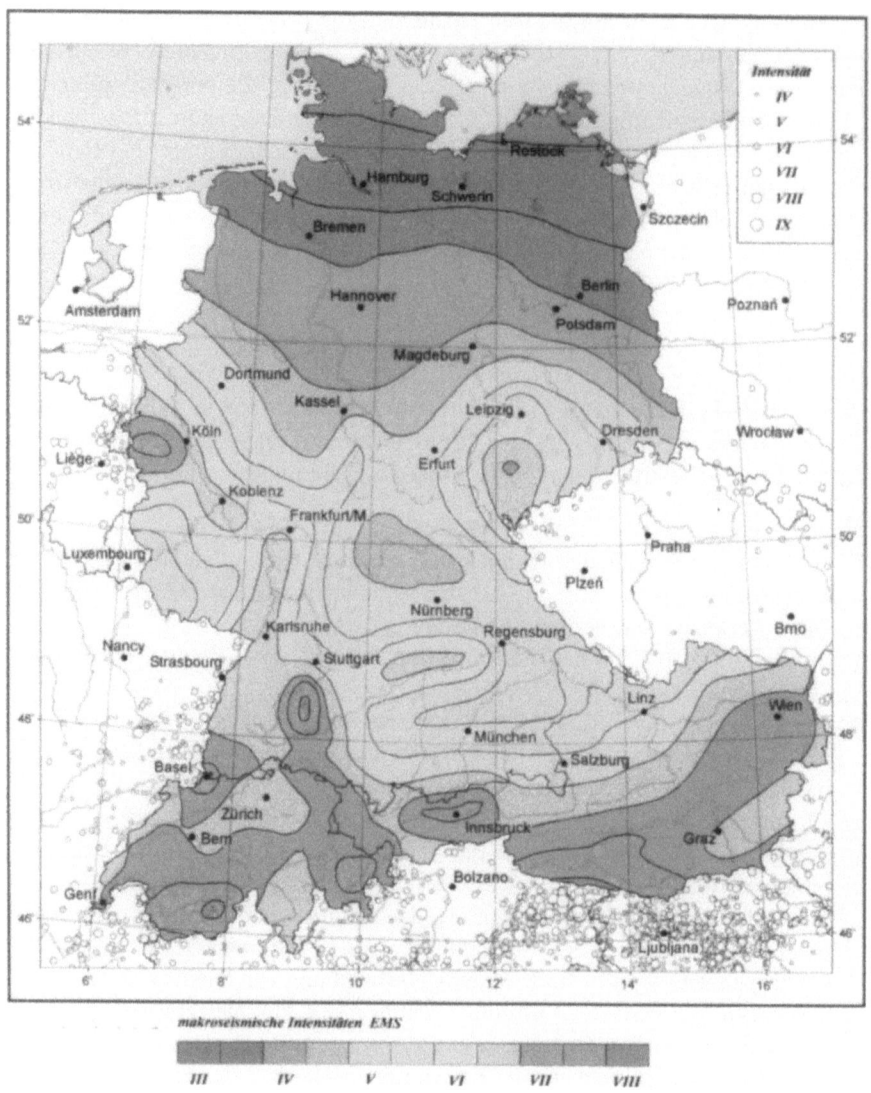

Abb. 8. Erdbebengefährdungskarte für die D-A-CH Staaten (Deutschland, Österreich, Schweiz). Dargestellt ist die Erdbebengefährdung als berechnete Intensitätswerte für eine Nichtüberschreitenswahrscheinlichkeit von 90% in 50 Jahren (Grünthal et al., 1995; mit freundlicher Genehmigung d. Verfasser). Unterlegt ist die Karte tektonischer Erdbeben mit ihren Epizentren als graue offene Kreise. Man beachte die hohen Intensitäten im Bereich Basel, Hohenzollerngraben und westl. Köln

Krisenbedingungen. Auch der effektive Einfluß von Minderungsmaßnahmen kann nur über die Errechnung von Schadensszenarien studiert werden. Dabei müssen verschiedene Erdbeben ausgewählt werden, um das schlimmste Schadensszenario zu finden. Vorschläge für Minderungsmaßnahmen müssen dann zusammen mit Gesetzgebern, Städteplanern, Architekten, Versicherer, Bauherrn und Krisenmanagern für das beste Kosten-Nutzenverhältnis entworfen werden.

Schadensszenario Los Angeles

Amerikanische Forscher der Stanford University und der Risk Management Solutions Inc. (1995) ermittelten für Los Angeles den Worst-Case als den Fall, daß ein Erdbeben der Magnitude $M = 7.0$ auf der Newport-Inglewood-Verwerfung die Stadt trifft. Die zu erwartenden Schäden in diesem Szenario sind in Tabelle 5 dargestellt.

Tabelle 5. Erdbeben-Schadensszenario ($M = 7.0$) für Los Angeles

Prognosen	Schäden: US$ 175 Mrd.	
Tote: 3000 bis 8000		
Schwerverletzte: 11 000 bis 30 000	Industrie/Handel	65 Mrd.
Schäden (Mittel): US$ 175 Mrd.	Privathäuser:	60 Mrd.
Schäden (90%): US$ 220 Mrd.	Geschäftsunterbrechung	30 Mrd.
86% Erdbeben Primärschäden	Infrastruktur	6 Mrd.
13% Feuer		
1% Entweichen toxischer Stoffe		

Megastädte

Das eben für Ballungsgebiete gesagte gilt natürlich noch viel mehr für Megastädte. Unter einer Megacity versteht die UNO eine Großstadt mit mehr als 8 Millionen Einwohnern. 1990 gab es an die 18 solcher Megastädte. Nur 4 liegen in entwickelten industriellen Ländern, davon sind drei erdbebengefährdet. Die anderen 14 Megastädte liegen in Entwicklungsländern, von ihnen sind 12 erdbebengefährdet. Im Jahr 2000 wird die Hälfte der Weltbevölkerung in Städten leben. Ab 2025 wird 80% der Weltbevölkerung in Entwicklungsländern leben.

Entwicklungsländer sind von einer hohen Zuwanderungsrate in die Städte betroffen. Die Zuwachsrate wird hier außer durch Zuwanderung noch durch das starke Bevölkerungswachstum vergrößert. Die Kräfte, die Zuwanderung in die Megastädte treiben, unterminieren auch deren Lebensfähigkeit auf lange Sicht. Die stärkste Anziehungskraft der Megastädte ist wirtschaftliche Gelegenheit basierend auf der Verlockung besser bezahlter Stellen. Ein besonderer weiterer

Tabelle 6. Bevölkerung und Wachstumsraten für Megastädte
(Ezcurra & Mazarl-Hiriart, 1996)

Stadt	Geschätzt 1990(Mio)	Projiziert 2000 (Mio)	Wachstumsrate 1980–1990	GNP/Pro Kopf 1991 (US$)
Tokyo, Japan	25.0	28.0	1.4	26 800
Sao Paulo, Brazil	18.1	22.6	4.1	2 900
Mexico City, Mexico	16.8	20.1	2.0	3 000
New York, USA	16.1	16.6	0.3	22 400
Shanghai, China	13.4	17.4	1.4	400
Bombay, India	12.2	18.1	4.2	300
Los Angeles, USA	11.5	13.2	1.9	22 400
Buenos Aires, Argentina	11.4	12.8	1.4	4 000
Seoul, Korea	11.0	12.9	2.9	6 300
Beijing, China	10.9	14.4	1.9	400
Rio de Janeiro, Brazil	10.9	12.2	2.2	2 900
Calcutta, India	10.7	12.7	1.8	300
Osaka, Japan	10.5	10.6	0.5	26 800
Jakarta, Indonesia	9.2	13.4	4.4	600
Tianjin, China	9.2	12.5	2.4	400
Manila, Philippines	8.9	12.6	4.1	700
Cairo, Egypt	8.6	10.8	2.3	600
New Delhi, India	8.2	11.7	3.9	300
Karachi, Pakistan	7.9	11.9	4.7	400
Lagos, Nigeria	7.7	13.5	5.8	300
Dhaka, Bangladesh	6.6	11.5	7.2	200

Anreiz ist der Lebensstil, der auf dem Lande nicht angetroffen wir d. Solch Wachstum bedroht die Erhaltung der Städte wegen der Verwendung von gefährlichem Bauland, schlechter Konstruktion und Unterhalt von Gebäuden, Fehlen des Gefahrbewußtseins und Schwierigkeiten beim eigentlichen Katastrophenmanagement.

Das größte städtische Erdbebenrisiko (gemessen in Verlust an Leib und Leben, sowie an Werten gemessen am Bruttosozialprodukt) wird mehr und mehr in Entwicklungsländern angetroffen. Bemerkenswert ist, daß die für die Reduzierung des Erdbebenrisikos aufgebrachten Mittel sich im wachsenden Maße auf die Bedürfnisse der industrialisierten Nationen konzentrieren.

Seismisches Risiko wächst besonders in Entwicklungsländern

Für die Megastädte zeigt sich eine der eindrucksvollsten Korrelationen mit Starkbeben. In Abb. 9 stellt die obere Karte die Verteilung der Starkbeben aus den letzten 1000 Jahren anhand der Todesopfer bei Ereignissen ab 10 000 Opfern dar. Sie wird im unteren Teil mit der Lage der Städte mit über 1 Million Einwohnern im Jahre 2000 verglichen. Es sind 325 Städte mit 1–7 Millionen Einwohnern und 28 Megastädte mit mehr als 8 Millionen Einwohnern (nach Bilham, 1988, 1995). Die 6 größten sind Tokyo (28 Mio), Sao Paulo (23 Mio), Mexico City (20 Mio),

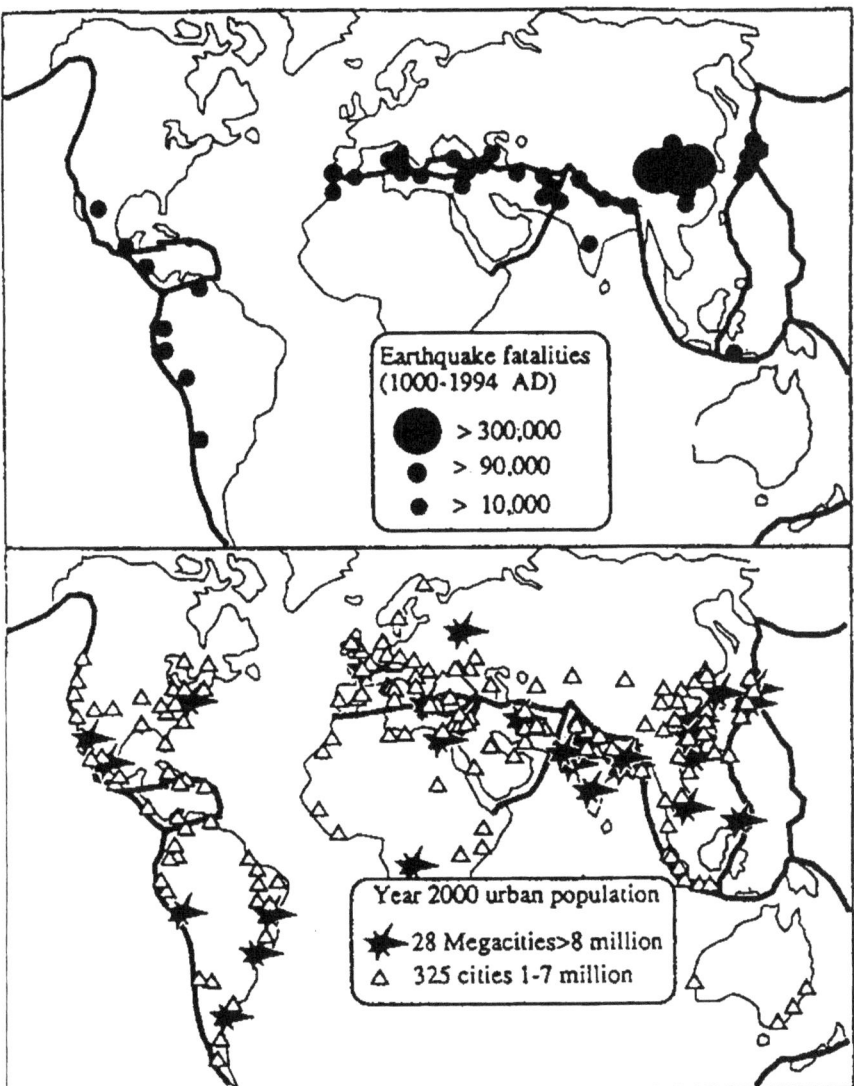

Abb. 9. Todesopfer von Erdbeben in den letzten 1000 Jahren verglichen mit der Lage von Großstädten mit mehr als 1 Million Einwohnern (nach Bilham, 1988, 1995)

New York (17 Mio), Shanghai (17 Mio), Bombay (18 Mio). Nicht zu übersehen ist das Zusammentreffen der Lage der stärksten Erdbeben und der Mehrheit der Megastädte, vor allem in den Entwicklungsländern, aber auch in den USA, Japan und China. Die Frage nach den Ursachen für diese Korrelation ist sicher sehr interessant. Sie übersteigt aber den Rahmen dieser Darstellung und auch die Kompetenz der Autoren. Eines scheint jedoch sicher zu sein, daß die gleichen tektonischen Kräfte, die zu Erdbeben führen auch für die optimale Lage von Handelsplätzen und fruchtbaren Landschaften zuständig sind. Die Vorstellung, daß die Erdbebengürtel des Planeten Erde durch Siedlungsvorschriften entvölkert werden könnten, ist nicht realistisch.

Erdbeben-Gedächtniszeit

Eine besondere Schwierigkeit ist das kurze gesellschaftliche Erinnerungsvermögen an Erdbebenkatastrophen. Wegen der langen Abstände zwischen zerstörenden Erdbeben verschwindet das Gedächtnis, und es gibt dringendere Sorgen des täglichen Lebens für die Regierungen.

Nach Ambraseys (private Mitteilung Roger Bilham) dauert die Gedächtnishalbwertzeit für erdbebensichere Bauweise von Lehmhütten im Iran $1\frac{1}{2}$ Generationen. Die Wiederholungszeit von Erdbeben beträgt hier drei Generationen. Daher wird die Konstruktion der Lehmbauten von Eltern und Kindern, die ein zerstörerischeres Erdbeben erlebt hatten, für etwa 30 Jahre nach dem Beben vermieden. Danach beginnen Enkel wieder nach dem Baustoff Lehm zu greifen.

Die kurze Gedächtniszeit, der lange Abstand zwischen Starkbeben, die dringenden Probleme des täglichen Lebens und auch das mangelnde Vorstellungsvermögen der örtlichen und nationalen Regierenden hält die Gesellschaft davon ab, dem Erdbebenrisiko genügende Beachtung zu schenken. Die betroffenen Regierungen und Menschen müssen konkret wissen, wie viele Personen ums Leben kommen, wie viele verletzt werden und wie viele Gebäude zerstört werden können.

Politische Minimalpläne für Megacities

Die traditionelle Lösung durch Internationale Hilfsaktionen nach der Katastrophe wird in Zukunft nicht ausreichen. Es muß in den örtlichen und nationalen Regierungen ein Bewußtsein für die durch Erdbeben zu erwartenden Schäden geschaffen werden. Dazu gehören: 1) Eine weitere Vergrößerung des Erdbebenrisikos bei neuer Stadtentwicklung von Bauten und Infrastruktur ist zu vermeiden. 2) Das existierende Erdbebenrisiko ist zu verkleinern, wenn existierende Bauten erdbebensicherer gemacht werden. 3) Weitere Planungen sind im Hinblick auf das unvermeidliche Erdbeben vorzunehmen.

Die UNESCO hat hierzu das RADIUS-Programm (Risk Assessment Tools for Diagnosis of Urban Areas against Seismic Disaster) gestartet. RADIUS versucht in Megacities der Entwicklungsländer die Fähigkeiten zu verbessern, seismische Gefahren und Risiken abzuschätzen und ihnen vorzubeugen. Es werden Handbücher für die Aufstellung und Berechnung von Erdbebenszenarios verfügbar gemacht und Fallstudien durchgeführt. Hierzu gehören Leitlinien zur Abschätzung der Anfälligkeit oder Verletzbarkeit von Gebäuden und Häusern.

Die örtlichen Politiker werden mit folgenden Zielen einbezogen. Es soll ein Technologie-Transfer der Erfahrung aus entwickelten Ländern in Entwicklungsländern erreicht werden.

Neues Katastrophenmanagement

Das Katastrophenmanagement muß heute als ein Zyklus (Abb. 10) verstanden werden, der aus einer Vor-Desaster- und einer Nach-Desasterphase besteht.

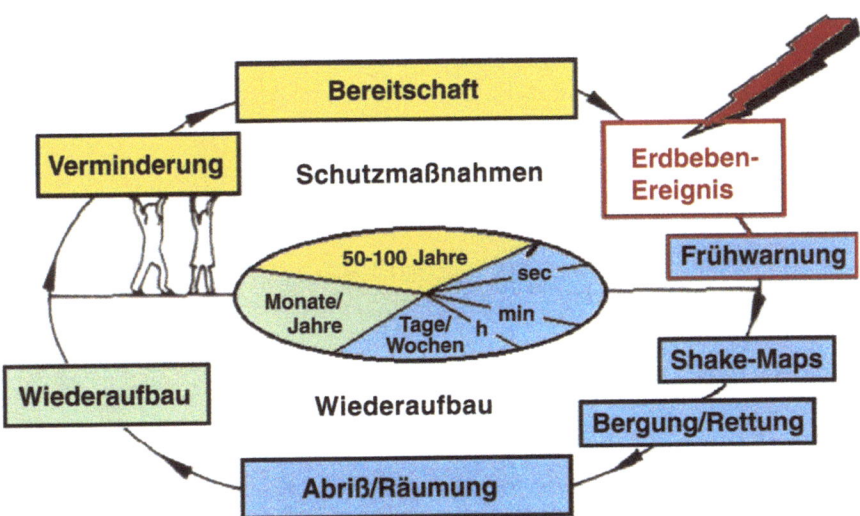

Abb. 10. Der Zyklus des Katastrophenmanagements auf Zeitskalen von Sekunden bis Jahren

Der Zyklus „Katastrophenmanagement für Starkbeben" hat Wiederholungszeiten von 50–100 Jahren und länger. Seine verschiedenen Abschnitte umfassen ein breites Spektrum von Zeitskalen (Tabellen 7 & 8).

In jeder Phase sind alle Verantwortlichen aufeinander angewiesen. Die Verminderung der zu erwartenden Schäden bei Erdbebenkatastrophen ist heute nicht mehr isolierte Aufgabe der Seismologen oder der Bauingenieure oder des Krisenmanagements allein. Insbesondere sind in das Katastrophenmanagement alle Phasen einzubeziehen. Alle diese Phasen hängen von dem optimalen Entwurf des Erdbeben-Schadensszenario ab.

Die Ermittlung des Worst-Case Erdbebenszenarios ist in jeder Phase die Grundlage zur Verminderung des Erdbebenrisikos.

Das Interesse der Medien und der Öffentlichkeit ist in der Regel auf den Zeitabschnitt von wenigen Tagen bis Wochen nach dem Beben gerichtet. Hier

Tabelle 7. Desaster-Zeitskalen

Zeitskala (ab Beben)	Maßnahmen
Sekunden	• Frühwarnung (ts-tp-Zeiten)
Minuten	• Datenübertragung zu seismologischen Zentren
	• Schnelle Schätzung des Schadensszenarios aus Daten von Beschleunigungsmessern
Stunden	• Informationsübertragung zum Krisenmanagement
	• Beginn der Rettungs- und Bergungsmaßnahmen
	• Schätzung des Nachbebenrisikos
Tage	• Aufnahme des Schadens durch Überfliegen mit digitaler Videokamera
	• Schnelle Bildanalyse
	• Optimierung der Rettungsmaßnahmen
Wochen	• Feststellung des Gesamtschadens
	• Wirtschaftliche Beseitigung der Trümmer
Monate	• Vergleich der vorhergesagten und gemessenen Bodenbeschleunigung
	• Revision des Worst-Case Szenarios
Jahre	• Revision der Bebauungspläne und Bau-Codes
	• Entscheidung über Abriß und Retrofitting
	• Wiederaufbau von Gebäuden und Infrastrukturen

Tabelle 8. Vor- und Nachdesasterphase

Pre-Desasterphase: Vorbereitung auf die Katastrophe auf Grund der Schadensprognose in worst-case Szenarios

- Bauertüchtigung und Neubauten nach Baucode
- Sicherung der wichtigen Versorgungslinien
- Optimierung der Depots

Post-Desasterphase: Bergung, Rettung, Wiederaufbau

- Verifikation der schnellen Schadensvorhersagen
- Optimierung der Bergungsmaßnahmen
- Fortschreiben der Verletzbarkeit
- Verbesserung der Bauvorschriften u. Bebauungspläne Wiederaufbau

geht es in spektakulärer Weise um die Rettung Verschütteter, Bergung von Toten und Versorgung Verletzter. Die weiteren Maßnahmen danach verschwinden sehr schnell aus dem öffentlichen Blickkreis.

Ein ähnliches Schicksal haben auch die finanziellen Hilfsmaßnahmen. Sie sind wesentlich mehr auf die kurze Post-Desasterphase als auf die lange Phase des Wiederaufbaus und der Vorbereitung auf das nächste Starkbeben gerichtet.

An der Universität Karlsruhe hat sich, von der Deutschen Forschungsgemeinschaft gefördert, im Sonderforschungsbereich 461 „*Starkbeben: von geowissenschaftlichen Grundlagen zu Ingenieurmaßnahmen*" ein Team von Geowissenschaftlern und Ingenieuren zusammengetan, um das Verfahren des Katastrophenmanagements mit Hilfe von Schadensszenarien weiter zu entwickeln, zu testen und es schließlich auch auf andere Städte übertragbar zu machen.

Am Fallbeispiel der tektonischen Entwicklung der Karpaten und der Bedrohung der Stadt Bukarest durch regelmäßige Starkbeben aus der Vrancea-Region in den Karpaten (Abb. 11) soll das Erdbebenrisiko für Bukarest ermittelt werden. Dies geschieht in engster Zusammenarbeit mit rumänischen Kollegen, Behörden und dem örtlichen Krisenmanagement.

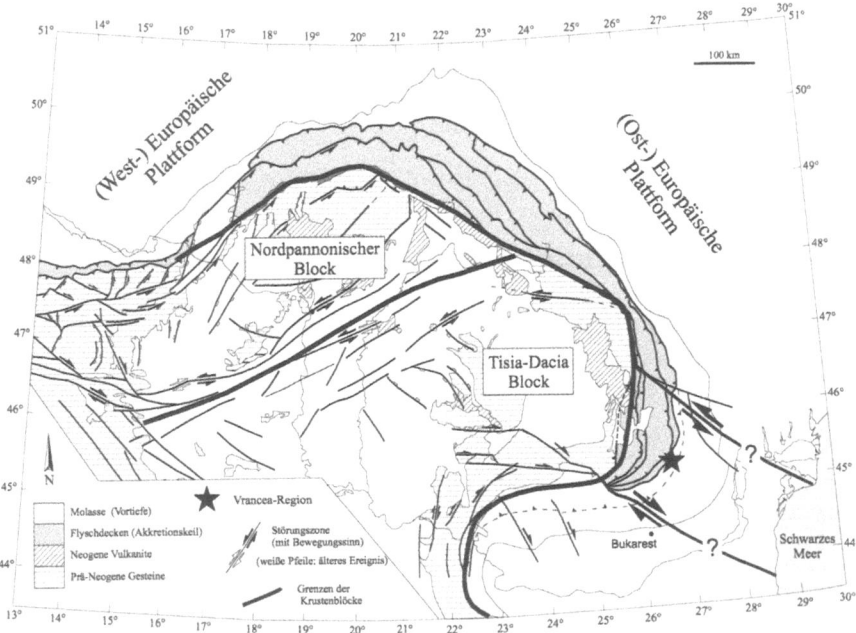

Abb. 11. Die tektonische Entwicklung der Karpatenregion über die letzten 17 Millionen Jahre (nach Sperner et al., 1999a,b). Die Tiefherdbeben (schwarzer Stern) liegen im südöstlichen Knie des Karpatenbogens in der Vrancea Region

Die besonderen Ziele dieses SFBs sind die Einbeziehung aller Phasen in das Katastrophenmanagement. Alle diese Phasen hängen von der optimalen Entwerfung des Erdbebenschadensszenarios ab. Im einzelnen geht es dabei um:

- das Verstehen der tektonischen Ursachen der Erdbeben. Etablierung eines konsistenten geodynamischen Modells der neogenen Entwicklung der Südostkarpaten, das die Lokalisiertheit der Beben sowie deren extreme Häufigkeit erklärt und damit zutreffende Randbedingungen zur Abschätzung des Gefährdungspotentials liefert.
- die Entwicklung von realistischen Modellen der Gefährdung durch Maximalbeschleunigungen des Bodens.

- die Prognostik der Schadenswirkung auf der Basis von seismologischen Daten und Aufnahmen der Infrastruktur und des baulichen Zustandes. Berechnung von Schadensprognosen für einen Teil Bukarests, die auf relevanten Daten und Prognosen der Seismologie, der Ingenieurgeologie (Mikrozonierung) und der Bauwerksanalyse beruht.
- Risikoverminderung durch präventive bauliche Ingenieurmaßnahmen, Entwicklung eines flexiblen Katastrophenmanagements sowie neuer Bergungstechnologien und Verfahrenstechniken der Wiederherstellung. Entwicklung neuer Methoden zur Schadensminderung: Dynamisches Katastrophenmanagement, innovative Rettungs- und Bergungsmaßnahmen, neue Verfahren der Bauwerksverstärkung, Methoden zur schnellen Prognose des Schadensmaßes mit Photogrammetrie und 'intelligent' generierten Shake-Maps.

Die seismische Gefahren-Wirkungskette

Die tektonisch geologische Ursache, die mitteltiefen Starkbeben in einer abtauchenden Platte (Abb. 12) und die Trümmer auf dem Bauuntergrund von Bukarest sind über eine lange Wirkungskette seismischer Gefährdung (Abb. 13) miteinander verbunden.

Eines der wichtigsten Probleme der Gefährdungsanalyse ist die Abschätzung des für die untersuchte Herdregion maximal möglichen Erdbebens, sein Ort, seine Ausdehnung. Dabei ergeben sich folgende Probleme. Wissenschaftler wer-

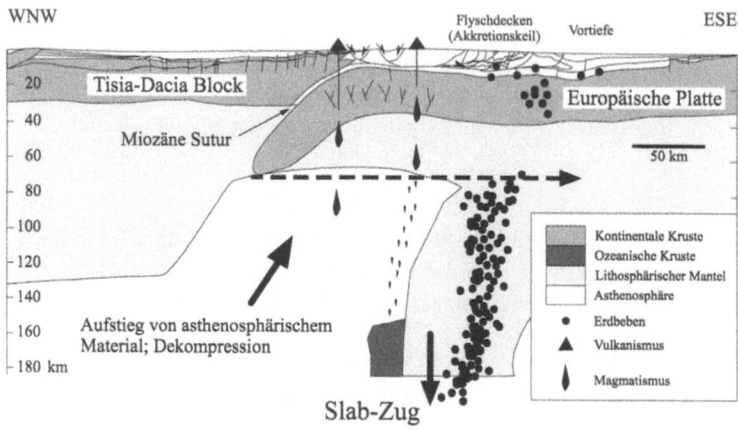

Abb. 12. Schematischer NW-SE Vertikalschnitt durch die Vrancea-Region. Die Tiefherdbeben markieren die Lage einer unter die Karpaten abtauchenden Platte. Schnitt durch die Subduktion (nach Girbacea & Frisch, 1998)

Tektonik	Herd	Ausbreitung	Mikrozonierung	$G(r, \Theta, x_i)$
Verwerfungsmuster	maximales Beben	Laufweg	Standorte x_1 Boden-Eigenschaften	Seismische Gefährdung
Spannungs-regime	Häufigkeit $\log N - M$ Verteilung	Geometrische Ausbreitung	Mächtigkeit Elastische Eigensch.	Boden-beschleu-nigung
Aktive Verwerfungen	Seismizität: instrumentell historisch paläo- Abtrahl-charakteristik	Brechung Dämpfung	Wassergehalt Resonanz Dämpfung	
	Frequenz-Spektrum	Grundgebirgs-werte	Destabilisierung Bodenfließen Hangrutschung	

Abb. 13. Seismische Gefahren-Wirkungskette. Vom Erdbebenherd durch Erdmantel, Erdkruste, oberflächennahe Bodenschichten zum Standort des Gebäudes wird die Bodenbeschleunigung berechnet

den über die Wahrscheinlichkeit und den Zeitraum eines zukünftigen Erdbebens sowie über seine Stärke streiten. Aber unabhängig davon, ob man die seismische Wirkungskette probabilistisch oder deterministisch betrachtet, die Kette startet immer mit dem *maximal möglichen Erdbeben*. Die einleuchtende Philosophie, daß das größte jemals in der Herdregion beobachtete Beben auch das maximal mögliche Beben in diesem Herdgebiet ist, verlangt eine Ausdehnung des zeitlichen Untersuchungsraums.

Wir haben gesehen, wie instrumentelle Aufzeichnungen, historische Aufzeichnungen, paläoseismische Grabungen eingesetzt werden. Die rumänischen Beben lassen sich nicht ergraben. Aber die seismischen Wellen von Nah- und Fernbeben lassen sich zu einer Computertomographie der unter die Karpaten abtauchenden Platte einsetzen. Die Erdbeben liegen weitgehend in der fein gegliederten Platte, manche Bereiche sind aber nach bisherigen Beobachtungen auch frei von Erdbeben (Abb. 14). Welches ist die größte mögliche Bruchfläche?

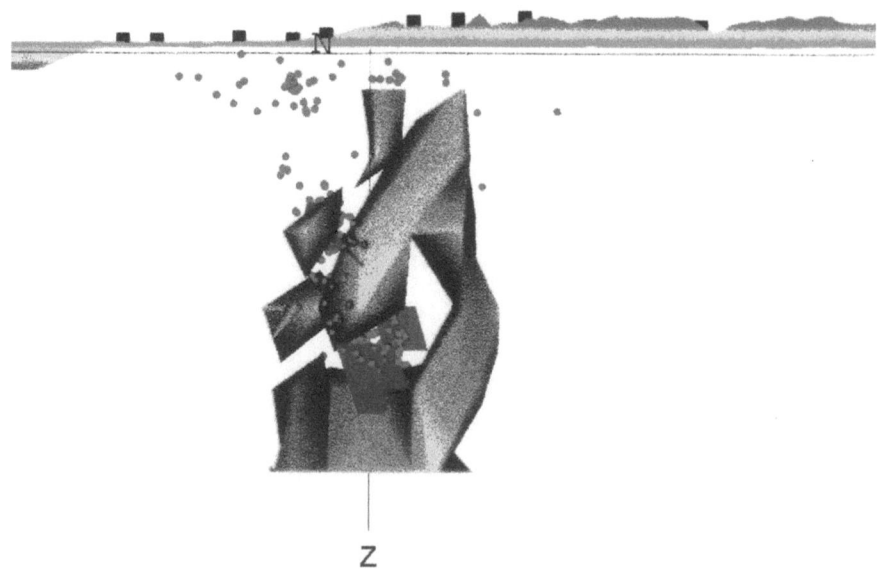

Abb. 14. Tomographie der abtauchenden Platte mit Lücke in der Verteilung der Erdbebenhypozentren. (Wenzel et al., 1998)

Erwähnt sei auch die Rolle der Weltkarte der tektonischen Spannungen bei der Diagnose von Verwerfungsmustern. In Abb. 15 (Müller et al., 1997a) ist der europäische Teil dieser Karte als Ausschnitt dargestellt. Bringt man ein System bekannter Störungen im Modell in das heutige Spannungsfeld, dann erkennt man, welche Verwerfungen dazu neigen, sich im Spannungsfeld zu bewegen und die günstigste Bruchorientierung zu haben. Ihre Länge ist ein Anhalt, die Größe eines möglichen Erdbebens abzuschätzen (Abb. 16). Auch die Ausbreitung seismischer Wellen vom Erdbebenherd durch die Erdkruste bis zum Bauuntergrund kann über eine Computer-Modellierung (Abb. 17) realistisch vorhergesagt werden.

Von der Mikrozonierung zur Schadensschätzung

Die oberste Bodenschicht bildet den Baugrund für die Stadt. Sie hat die unangenehme Eigenschaft, die seismischen Wellen zu verstärken, bzw. durch ihr Eintreffen instabil zu werden. Das führt zu Bodenverflüssigung und Hangrutschungen (Abb. 18). Die durch die Wirkung der Bodenschicht korrigierte Grundgebirgsbeschleunigung führt schließlich über die seismische Gefährdung zur Schadensschätzung oder Risikoschätzung in DM oder US$.

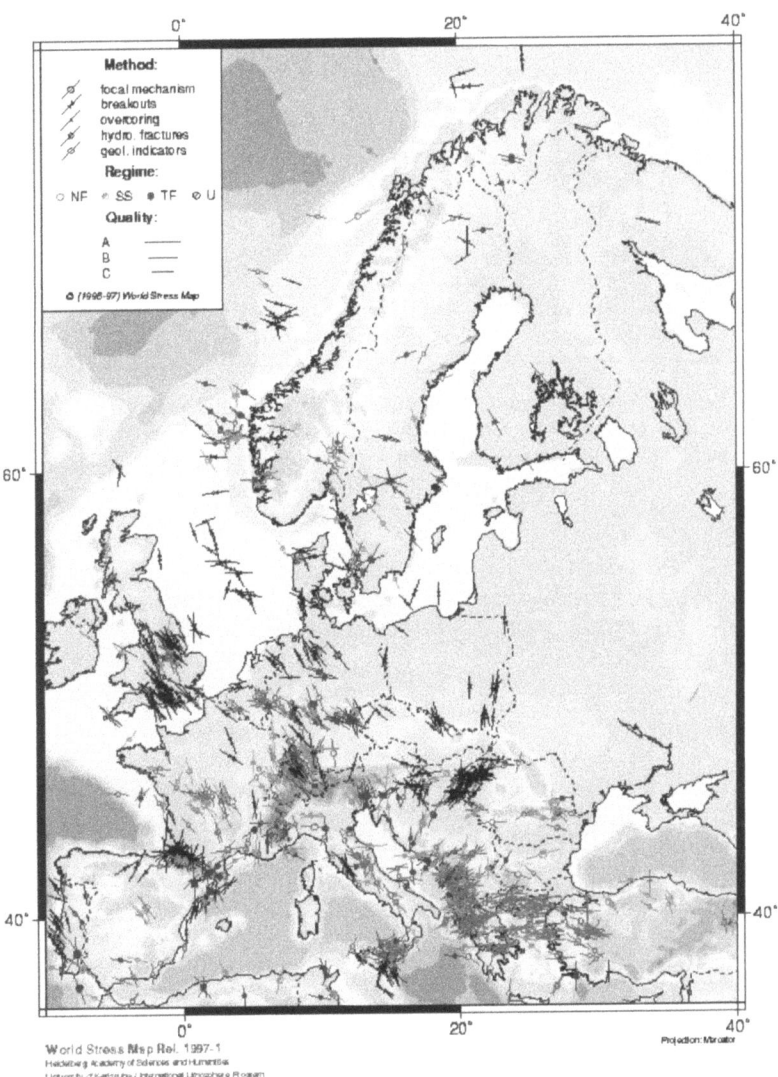

Abb. 15. Europäischer Teil der Weltkarte tektonischer Spannungen. Die Striche zeigen in die Richtung maximaler horizontaler Kompressionsspannung SH_{max}. Die Richtung NW-SE ist in Westeuropa dominierend. (Müller et al., 1997b)

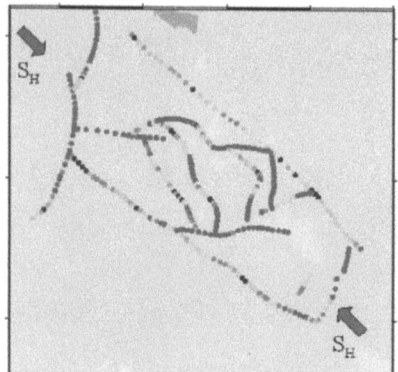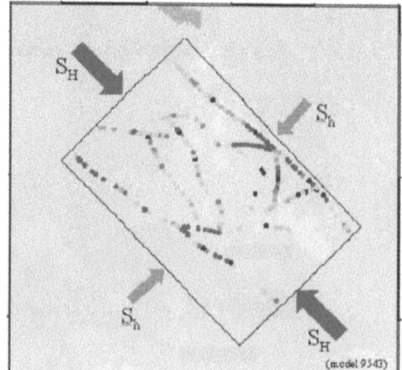

Abb. 16. Verwerfungen im heutigen Spannungsfeld. Berechnung der Slip-Tendenz für Reibungskoeffizient $\mu = 0.1$ nach 2 Methoden: *links*: geometrische (statische) Modellierung; *rechts*: FE-Modellierung unter Berücksichtigung der lokalen Drehung des Spannungsfeldes durch die Verwerfungen

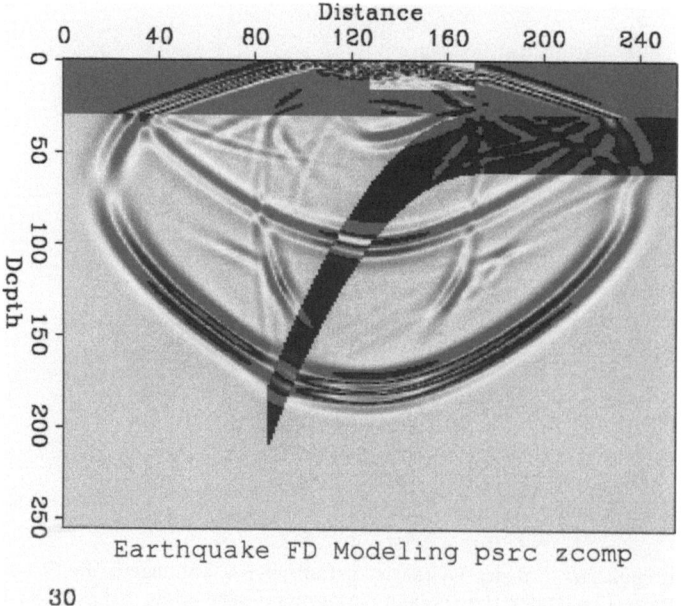

Abb. 17. Modellierung der Ausbreitung seismischer Wellen. Der in der abtauchenden Platte befindliche Erdbebenherd löst seismische Wellen aus, deren Ausbreitung durch Erdmantel, Erdkruste und oberflächennahe Bodenschichten auf dem Rechner simuliert wird

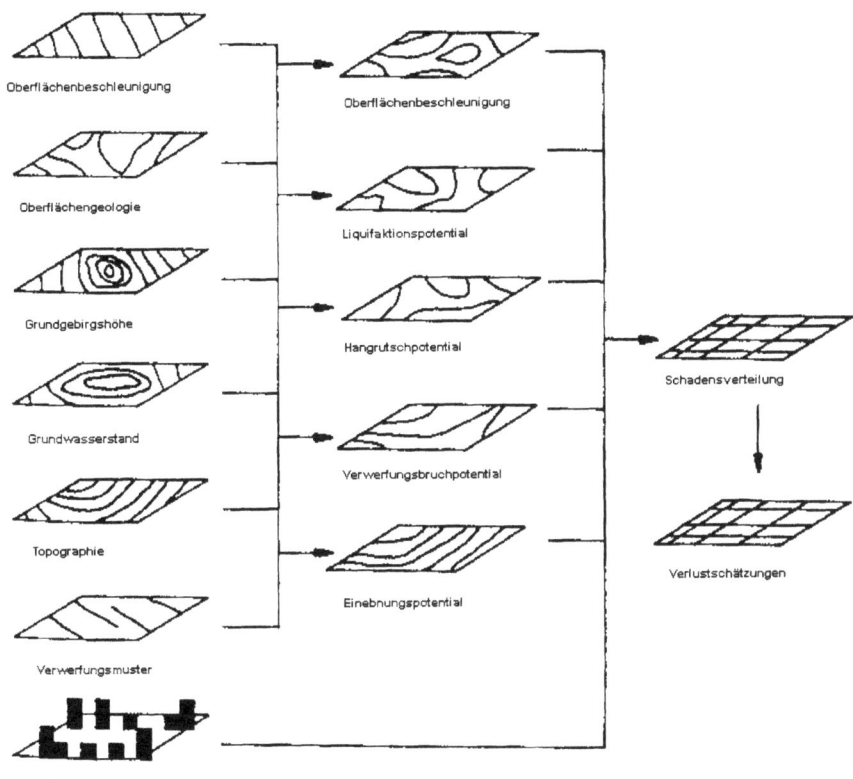

Abb. 18. Schema der Schadens- und Verlustschätzung ausgehend von der seismischen Gefährdung (Bedrock motion) unter Berücksichtigung der Oberflächengeologie, Grundwasserspiegel, Oberflächenbeschleunigungen, Bauinventar

Frühwarnung – 25 sec für Bukarest

Die Karlsruher Gruppe hat sich ein besonderes Ziel für die Schadensminderung in Bukarest gesetzt: die Frühwarnung (Abb. 19). Die örtlichen Verhältnisse zwischen den Erdbebenherden im Vrancea-Karpatenknie und Bukarest bieten die realistische Möglichkeit, die bereits auf dem Wege befindlichen schädlichen Scherwellen per Radiowellen zu überholen. Vor ihrem Eintreffen verbleiben maximal 25 sec als nutzbare Zeit. Die folgenden Maßnahmen (Tabelle 9) könnten in diesen 25 sec ergriffen werden.

Sie können bei erfolgreicher Vorhersage zu einer erheblichen Verminderung des Verlustes an Toten, Verletzten und an Sachwerten beitragen. Dieses Frühwarnverfahren stellt eine echte Herausforderung für die Zusammenarbeit von Seismologen, Ingenieuren und Krisenmanagement dar.

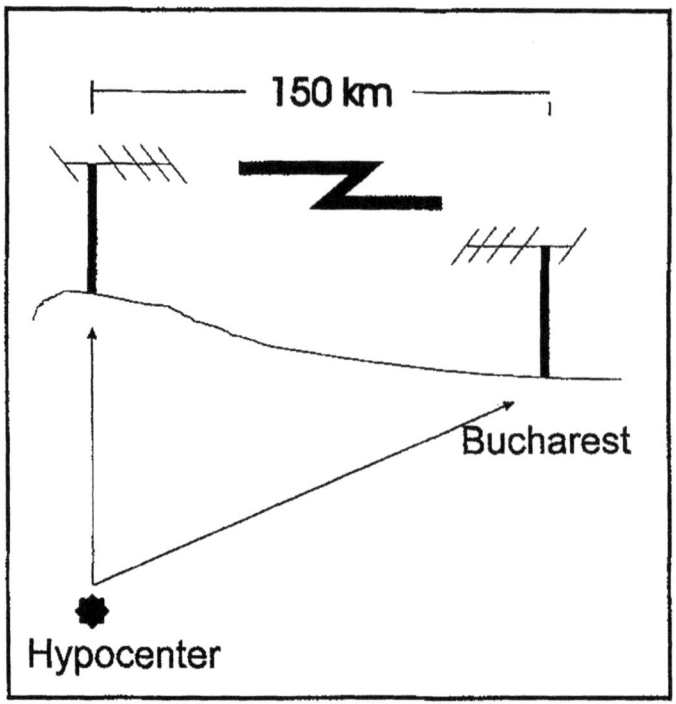

Abb. 19. Frühwarnung: 25 sec für Bukarest Schema (Wenzel et al., 1999). Die über dem Vrancea-Herd detektierten P-Wellen triggern Radiosignale, welche die gefährlichen S-Wellen überholen und 25 sec vor deren Eintreffen in Bukarest Vorbeugemaßnahmen auslösen (s. Tabelle 9)

Tabelle 9. 25 Sekunden Maßnahmen (Wenzel et al., 1998)

• Computern abschalten	• Stromversorgung umleiten
• Plattenspeichern abschalten	• Kernkraftwerke abschalten
• Unterbrechung der Flugplatzoperation	• Produktionsindustrie abschalten
• Züge anhalten	• Operationsräume in Krankenhäusern warnen
• Gasversorgung abschalten	• Notfallgeneratoren anwerfen
• Feuerwehrtore öffnen	• Öl-Pipelines abschalten
• Aufzüge in sicheren Stellungen anhalten	• Ölraffinerien abschalten
• Radio-Alarm aussenden	• Präzisionsindustrien abschalten

Schluß: Gefahr – Gewöhnung

Die Konzentration der Bevölkerung und der Sachwerte in erdbebengefährdeten Ballungsgebieten führt bei weiter stark anwachsender Weltbevölkerung zu zunehmenden Schäden durch Erdbeben. Dies ist ein Langzeitproblem, besonders für die Megastädte in Entwicklungsländern, das von der Öffentlichkeit nicht genügend erkannt oder unterschätzt wird. Nur konzertierte Maßnahmen der Zusammenarbeit können weiteres Anwachsen des Schadensrisikos verhindern und hoffentlich zu seiner Verminderung führen.

Rumänien mit seinen häufigen Starkbeben und dem damit angehobenen Auftreten von Erdbeben auch mittlerer Magnituden bietet die Möglichkeit, die Zusammenarbeit zwischen Seismologen und Ingenieuren in kürzeren Abständen zu erproben und eine Vielzahl von Modellen zu testen. Sie reichen über die Physik und Chemie des Erdbebenherdes, über die Ausbreitung seismischer Wellen, ihre Verstärkung in den oberen Lockerschichten, Boden-Bauwerk-Wechselwirkung, Schadensprognosen und Verifikationen, Frühwarnung, Optimierung der Rettungsmaßnahmen bis hin zum Wiederaufbau. Daraus ergibt sich ein Paket von Maßnahmen für den Zyklus des Katastrophenmanagements. Neben der wissenschaftlich technischen Unterstützung für die betroffenen Regionen Rumäniens wird an der Übertragbarkeit der gewonnenen Kenntnisse auf Deutschland und andere Erdbebenländer, insbesondere aber auf die Entwicklungsländer gearbeitet.

In der Zeit der Prävention ist das kurze gesellschaftliche Erinnerungsvermögen an Erdbebenkatastrophen eine besondere Schwierigkeit. Wegen der langen Abstände zwischen zerstörenden Erdbeben wird das Gedächtnis durch dringendere Sorgen des täglichen Lebens im privaten Bereich aber auch für die Regierungen verdrängt.

Das fehlende Vorstellungsvermögen der örtlichen und nationalen Regierenden hält die Gesellschaft davon ab, dem langfristigen Erdbebenrisiko genügende Beachtung zu schenken. Die betroffenen Regierungen und Menschen müssen heute konkret in Zahlen wissen, wie viele Personen ums Leben kommen, wie viele verletzt werden und wie viele Gebäude zerstört werden können. Daher ist die Entwicklung von Schadensszenarien eine wichtige Aufgabe.

Wir wissen natürlich, daß die Verminderung von Desasterschäden nach Erdbeben nicht nur ein technologisches oder wissenschaftliches Problem ist. Es geht Politiker, Stadtplaner, Mediziner, Soziologen, Psychologen und Krisenmanager an. Es handelt sich um eine Langzeit-Verpflichtung für zukünftige Generationen mit moralischen und ethischen Dimensionen.

Deutschland hat eine lange Tradition in der Seismologie und in der erdbebensicheren Bauweise. Diese Erfahrung gilt es weiter zu verbessern und den Entwicklungsländern für die Verminderung ihres Erdbebenrisikos nutzbar zu machen.

Das wachsende Schadensrisiko bei Erdbeben zwingt Geowissenschaftler und Ingenieure zu enger interaktiver Zusammenarbeit. Ein wesentlicher Reiz und die Herausforderung besteht in der Begegnung zweier Kulturen.

Der Ingenieur als Techniker hat eine lange Tradition objektbezogener Forschung, ein gegebenes Problem optimal zu lösen. Die Frage stellt sich, löst er auch das richtige Problem? Wie jeden Wissenschaftler treibt den Geowissenschaftler die Neugier nach Überraschungen und neuen Problemen. Er vergißt dabei oft die Lösung des Problems.

Heute gilt es, beide Kulturen zusammenzuführen, um die richtige Problemstellung zu finden und sie gemeinsam optimal zu lösen. Dies erfordert höchstes

Können in jedem Fach und gleichzeitig die wenig geübte Tugend, über den Tellerrand der eigenen Disziplin hinaus zu kooperieren.

> *„Gibt es einen besseren Weg, das neue Jahrtausend zu beginnen, als einer Welt durch bessere Organisation die Leiden durch Naturkatastr ophen zu vermindern? – Ich bin überzeugt, daß die entschlossene Beteiligung von Wissenschaftlern und Ingenieuren der Schlüssel dafür ist, dieses wichtige Ziel weltweit zu erreichen."*
>
> Frank Press (1984)

Literatur

Bilham R. (1988). Earthquakes and Urban Development, Nature, 336, 625–626.
Bilham R. (1995). Global Fatalities in the past 2000 years: prognosis for the next 30. In: Reduction and Predictability of Natural Disasters, Eds. Rundle J., Klein F., and Turcotte D. Santa Fe Institute Studies in the Sciences of Complexity, Vol. XXV, Addison Wesley.
Bonjer K.-P., Gelbke C., Gilg R., Rouland D., Mayer-Rosa D. and Massinon B. (1984). Seismicity and dynamics of the upper Rhinegraben. J. Geophys., 55: 1–12.
Bundesanstalt für Geowissenschaften und Rohstoffe, Hannover: „Weltweite Erdbeben von 1954–1998 der Magnitude $\geq$ 4.0" http://www-seismo.hannover.bgr.de/wld_seis_deu.html.
Camelbeeck T. and Meghraoui M. (1996). Large earthquakes in northern Europe more likely than once thought. EOS, Transactions Amer. Geophys. Union, 77, 42, 405–409, October 15.
DIN 4149 (1981 & 1992). Teil 1: Bauten in deutschen Erdbebengebieten. Lastannahmen, Bemessungen und Ausführung üblicher Hochbauten. Normenausschuß Bauwesen (NABau) im DIN Deutsches Institut für Normung e.V., Ausgabe April 1981; Ausgabe Dezember 1992.
Eurocode 8 – (1994). Design provision for earthquake resistance of structures – Part 1-1: General rules – Seismic actions and general requirements for structures: ENV 1998-1-1.
Ezcurra E. and Mazari-Hiriart M. (1996). „Are Megacities viable? A cautionary tale from Mexico City", Environment 38 (January/February): 8, based on World Resources Institute, World Resources 1994–95, p. 400.
Girbacea R. and Frisch W. (1998). Slab in the wrong place: Lower lithospheric mantle delamination in the last stage of the Eastern Carpathian subduction retreat. – Geology, 26 (7), 611–614.
Goethe J.W. von (1998). Dichtung und Wahrheit. Hrsg. von Walter Hettche. Stuttgart: Reclam, 1260 pp.
Grünthal G. (Editor) (1998). European Macroseismic Scale 1998. Conseil de l'Europe. Cahiers du Centre Europeen de Geodynamique et de Seismologie, Vol. 15, 99 pp.
Grünthal G., Mayer-Rosa D. and Lenhardt W. (1995). Joint strategy for seismic hazard assessment; application for Austria, Germany and Switzerland. XXI General Assembly IUGG, 1995, Boulder, Colorado, USA.
Grünthal G., Mayer-Rosa D. and Lenhardt W.A. (1998). Abschätzung der Erdbebengefährdung für die D-A-CH-Staaten – Deutschland, Österreich, Schweiz. Bautechnik, 75. Jg., H. 10, 3–17.
Gutdeutsch R., Grünthal G. and Musson R. (Edit.) (1992). Historical earthquake research in central Europe. Abh. Geolog. Bundesanstalt, Wien, Bd. 48, Wien.
Gutenberg B. and Richter C.F. (1956). Magnitude and energy of earthquakes. Ann. Geofisica, 9, 1-15.

Mueller B., Wehrle V., Zeyen H. and Fuchs K. (1997a). Short-scale variations of tectonic regimes in the western European stress province north of the Alps and Pyrenees. In: Fuchs K., Altherr R., Mueller B. and Prodehl, C. (Editors), „Stress and stress release in the lithosphere – structure and dynamic processes in the grabens of the European rift systems." Tectonophysics, 275 (1–3), 199–219.

Mueller B., Wehrle V. and Fuchs K. (1997b). The 1997 release of the World Stress Map (available on-line at http://www-wsm.physik.uni-karlsruhe.de/pub/Rel97/wsm97.html).

Münchener Rück (1995). Topics: Jahresrückblick Naturkatastrophen 1995, 16 p.

Münchener Rück (1999). Topics: Jahresrückblick Naturkatastrophen 1998, 20 p.

Press F. (1984). Keynote address. Opening Ceremoy of the 8th World Conference on Earthquake Engineering in San Francisco, July 1984.

Press F. and Siever R. (1974). Earth. W.H. Freeman & Co., San Francisco, 945 p.

Radu C. (1974). Contribution à l'étude de la séismicité de la Roumanie et comparaison avec la séismicité de sud-est de la France. Ph.D.-thesis, Université de Strasbourg, 404 p.

Risk Management Solutions, Inc. (1995). What if a Major Earthquake Strikes the Los Angeles Area? Topical Issues Series, Menlo Park, Sept. 1995.

Ritsema A.R. (1972). Preface. In: Ritsema, A.R. (editor), The Upper Mantle. Tectonophysics, Vol. 13, p. VII–IX.

Seibold E. (1995). Vom Umgang mit Naturkatastrophen. DVA, Stuttgart, 287 p.

Sperner B., Ratschbacher L., Zweigel P., Moser F., Hettel S., Girbacea R. and Wenzel F. (1999a). Lateral extrusion, slab break-offand subduction retreat: the Oligocene-Recent collision-subduction transition in the Alps and Carpathians. – Penrose Conference: Subduction to Strike-Slip Transitions on Plate Boundaries, Puerto Plata, Domin. Rep., 103–104 (available on-line at http://www.uncwil.edu/people/grindlayn/penrose.html).

Sperner B., Ratschbacher L. and Nemcok M. (1999b). Interplay between subduction rollback and lateral extrusion: The tectonics of the Western Carpathians. – Geol. Soc. Am. Bull., Spec. Vol. (in press).

Vine F.J. (1971). Sea-Floor Spreading. In: Gass, Smith & Wilson (edit.) Understanding the Earth. Artemis Press, Sussex, 355 p.

Voltaire F.M. (1991). Candide ou l'optimism. Nachdr. – Stuttgart Reclam (Universal-Bibliothek; Nr. 9221), 184 p.

Wenzel F., Achauer U., Enescu D., Kissling E., Russo R., Mocanu V. and Musachio G. (1998). Detailed look at final stage of plate break-off is target of study in Romania. EOS, Transactions American Geophys. Union, 79, 589, 592–594.

Wenzel F., Oncescu M.M., Baur M., Fiedrich F. and Ionescu C. (1999). An early warning system for Bucharest, Seismol. Res. Letters, 70, 2, 161–169, 1999

Yoweri Kaguta Musevani (1997). Keynote Address to the Uganda HLM. World Seismic Safety Initiative (WSSI), Eigth High Level Meeting (HLM) on Earthquake Disaster Preparedness. Kampala, Uganda. December 1–2, 1997.

Zoback M.L., Zoback M.D., Adams J., Assumpcao M., Bell S., Bergman E.A., Bluemling P., Brereton N.R., Denham D., Ding J., Fuchs K., Gay N., Gregersen S., Gupta K.H., Gvishiani A., Jacob K., Klein R., Knoll P., Magee M., Mercier J.L., Mueller B.C., Paquin C., Rajendran K., Stephansson O., Saurez G., Suter M., Udias A., Xu Z.H. and Zhizhin M. (1989). Global patterns of intraplate stress: A status report on the world stress map project of the International Lithosphere Program. Nature, 341, 291–298.

Zoback M.L. (1992). First and second order patterns of stress in the lithosphere: the World Stress Map project. J. Geophys. Res. 97, No B8 (Special Issue on „The World Stress Map Project"), 11703–11728.

Druck: Mercedes-Druck, Berlin
Verarbeitung: Buchbinderei Lüderitz & Bauer, Berlin

MIX
Papier aus verantwortungsvollen Quellen
Paper from responsible sources
FSC® C105338

If you have any concerns about our products,
you can contact us on
ProductSafety@springernature.com

In case Publisher is established outside the EU,
the EU authorized representative is:
**Springer Nature Customer Service Center GmbH
Europaplatz 3, 69115 Heidelberg, Germany**

Printed by Libri Plureos GmbH
in Hamburg, Germany